HOW TO
DRINK WINE

忍不住想喝一杯

教你轻松喝懂葡萄酒

〔美〕格兰特·雷诺兹　　〔美〕克里斯·斯唐◎著

欧阳瑾◎译　　赵凡◎审订

北京科学技术出版社

This translation published by arrangement with Clarkson Potter/Publishers,an imprint of Random House, a division of Penguin Random House LLC
Simplified Chinese edition copyright © 2020 Beijing Science and Technology Publishing Co., Ltd.
Simplified Chinese translation copyright © 2022 by Beijing Science and Technology Publishing Co., Ltd.

著作权合同登记号　图字：01-2021-4769

图书在版编目（CIP）数据

忍不住想喝一杯：教你轻松喝懂葡萄酒 /（美）格兰特·雷诺兹，（美）克里斯·斯唐著；欧阳瑾译. —北京：北京科学技术出版社，2022.1
书名原文：How to drink wine
ISBN 978-7-5714-1805-2

Ⅰ. ①忍… Ⅱ. ①格… ②克… ③欧… Ⅲ. ①葡萄酒–基本知识 Ⅳ. ① TS262.61

中国版本图书馆 CIP 数据核字（2021）第 187228 号

策划编辑：廖　艳
责任编辑：林炳青
责任校对：贾　荣
责任印制：李　茗
图文制作：天露霖文化
出 版 人：曾庆宇
出版发行：北京科学技术出版社
社　　址：北京西直门南大街 16 号
邮政编码：100035
电　　话：0086-10-66135495（总编室）
　　　　　0086-10-66113227（发行部）
网　　址：www.bkydw.cn
印　　刷：北京宝隆世纪印刷有限公司
开　　本：889 mm × 1194 mm　1/32
字　　数：116 千字
印　　张：5
版　　次：2022 年 1 月第 1 版
印　　次：2022 年 1 月第 1 次印刷
ISBN 978-7-5714-1805-2

定　　价：79.00 元

致基努（Keanu）
感谢你让本书有趣好读

引言

引 言

98 分。

浓郁的地域特色。

带有马鞍皮革与潮湿鹅卵石的气味。

产地。

口感。

看不懂的法语单词。

这些是不是看得你一头雾水？或者你干脆不看了，伸手端起一杯啤酒？就算果真如此，也没什么奇怪的。葡萄酒的世界是一个底蕴深厚、令人着迷的世界。不过，葡萄酒也可以作为一项终身的追求——也可以帮助你创造出各种的机会，让你去尝试新事物、结交新朋友、游览新地方、分享新经历。还有什么酒能够为你提供这一切呢？

我们对正在阅读本书的你深表感谢。作为半专业的葡萄酒爱好者，我们正是通过分享各自在葡萄酒方面的经验才结下了深厚的友谊。后来，我们开始沉迷于这样一种想法：了解葡萄酒知识的过程可以（也理应）更加简单，更能引起共鸣。于是，我们决定写这本书。

格兰特开了一家名叫"帕塞勒"（Parcelle）的葡萄酒专卖店。他也是纽约市数家餐馆的葡萄酒总监兼合伙人。除了为顾客提供美味的佳肴，这些餐馆还拥有共同的核心理念，即一个人可以非常认真地对待葡萄酒，但又不能过于较真。这些餐馆就是葡萄酒爱好者的天堂。收藏勃艮第（Burgundy）葡萄酒的老手可以坐下来品尝城中其他任何一家餐馆都没有的酒款。同时，它们也是对葡萄酒入门者的好去处。顾客们不但会受到盛情款待，还会被餐馆邀请去品尝一杯意大利沿海地区出产的白葡萄酒，而不是喝上一杯惯常的桑塞尔 ①。餐馆提供的全部体验基本都会给顾客带来意外的惊喜，餐馆之所以都生意兴隆，原因正在于此。格兰特还是通过高级侍酒师（Advanced Sommelier）课程认证的最年轻的人之一，曾在 2017 年入选福布斯"30 位 30 岁以下的杰出青年"榜单（*Forbes* 30 Under 30 Honoree）。当然，在这里我们并不是吹嘘诸如此类的成就与奖项。

克里斯曾于 2015 年获得"詹姆斯·比尔德美食大奖"（James Beard Award）的"幽默新闻奖"提名，还在 2019 年被《金融时报》（*Financial Times*）评为"堪称美国最具影响力的餐馆评论员"。他是"醉心美食网"（The Infatuation）的联合创始人兼首席执行官。该网是一个全球性的餐馆点评平台，凭借对餐馆提供体验的探索引起人们的共鸣而走上成功之路。你不妨想一想，上一次跟几位朋友说"城里最好的大厨是谁？我们去那里吃吧"是什么时候呢？你们多半会讨论餐馆的位置、就餐氛围和用餐体验等方面的问题，然后试图找到各方面最好的餐馆。这正是"醉心美食网"上的评论和指南为你做的。它们全都给人一种实用而又很接地气的感觉。在本书中探讨葡萄酒的时候，克里斯也将如此。

那么，问题就在于，人们如何才能轻松地进入葡萄酒的世界呢？我们显然并不是撰写此类书籍的第一人。不过，我们或

---

① 桑塞尔（Sancerre），法国中部一个面积不大的葡萄酒产区，以出产果香浓郁、口感爽脆的"长相思"白葡萄酒而享誉全球。——译者注

许是最先不指望你记住 63 个葡萄品种、每种葡萄酒的品评记录的人。如果你对那些东西感兴趣，那就准备好闪存卡吧。但是，获得探究葡萄酒所需的知识还有一种更简单的方法，而这一切只是始于一句话："为什么？"

你不必手握荧光笔，耗费大量时间来研读教科书，而应先给自己斟上一杯最喜欢的葡萄酒，并且在啜饮时想一想为什么会喜欢这种酒。你会想到一些原因。不过，你或许也会发现，自己很难找到恰当的词汇来描述。这是人们首先感到纠结的地方，而消除这些纠结正是我们的使命所在。

本书将帮你了解自己喜欢某种葡萄酒的原因、品饮葡萄酒的方法，然后带你踏上一条发现之路，去探究其他让你满意的葡萄酒。为你提供一些可用的必备术语是本书的第一步。与此同时，我们还会为你解释清楚它们的来龙去脉，以及一些无须关注的内容。探究葡萄酒犹如开启一段旅程。每一个人的旅程都必须从某个地方开始。这本书就是你即将开始的地方。

必备术语

这份术语表并不全面，因为我们并没有打算把葡萄酒领域里的每一个术语都教给你。然而，我们会帮助你逐渐熟悉人们谈论葡萄酒的方式。对基本术语加以概述，可以让你开始积累一些词汇来描述你喜欢的东西，并且有助于你懂得如何去表达自己不喜欢的方面。不妨这样来理解：我们并不是要你表达得非常流利，而是让你懂得如何用葡萄酒领域的术语来说相当于"洗手间在哪里"或者"这条狗是我的朋友"之类的话。目前你需要了解的仅此而已。

酒精度（Alcohol by Volu-me） 在葡萄酒标上，你或许看到过"ABV"或者"alc."的字样，后面通常有一个介于11%和15%之间的百分数。这表示一款葡萄酒按体积比计算的酒精浓度。除了15%酒精度的酒比11%的酒酒精度高这一事实，你还须明白酒精度越高，葡萄酒的口感也会越醇厚（参见词条"大酒"）。酒精度低的葡萄酒比较爽口、清淡，前一天喝后第二天早上醒来时头会感到较为舒适。

酸度（Acidity） 你以前肯定吃过柑橘，应该知道酸是什么滋味。在葡萄酒领域，它是用于描述口感的一个重要术语，酸度强弱是任何葡萄酒风味的重要组成部分。不过，酸度也会影响葡萄酒的陈化时间。酸度较高的葡萄酒，如黑皮诺（Pinot Noir）或者雷司令（Riesling），在酒窖里保存的时间通常也比较长。

陈年或陈化（Age or Aging）牛奶放多长时间也不会变成奶酪，葡萄酒可不这样。密闭保存的葡萄酒会随着时间的推移而发生变化。这种改变被称为陈化。经过陈化，葡萄酒的口味会发生变化，更加适于饮用。受多种因素影响，有些葡萄酒的陈化效果要优于其他葡萄酒。你或许听过"耐陈年"（Age-worthy）的说法。波尔多（Bordeaux）葡萄酒就属于经典的"耐陈年葡萄酒"。就像演员哈里森·福特（Harrison Ford）一样，年份酒越老越吃香。

大酒（Big） 常用来描述红酒的一种风格。大酒都很刚劲、厚重，酒精度高、果味浓郁，有时很甜。赤霞珠

（Cabernet Sauvignon）和西拉子（Shiraz）堪称大酒的典范。

混酿（Blend） 混酿是指将两种或两种以上的葡萄混合起来，酿成一种葡萄酒。什么时间混合、怎样混合有不同的酿酒工艺。混酿葡萄酒通常属于大酒，果香浓郁，而且主要用赤霞珠或者梅洛（Merlot）酿制。

酒体（Body） 就是葡萄酒入口后给你的感觉。不妨把它想象成有人坐在了你腿上。这位朋友是轻还是重？当然，在谈论葡萄酒的时候，轻重并非指重量，而是指口感的丰富程度。本书提到的酒体，包括轻盈型（Light）、中等型（Medium）和丰满型（Full）。与酒体较为醇厚和丰满的葡萄酒相比，轻盈型葡萄酒口味更加清淡、鲜脆，也更加清爽。色泽浅淡的葡萄酒是轻盈型葡萄酒，酒精度低于 13.5% 的也是如此。中等型葡萄酒的口感与饱满性都比较中性。它们既不过于清淡，也不过于醇厚和强劲。酒体丰满的葡萄酒，单宁含量和酒精度都很高，口感也很饱满。与轻盈型和中等型葡萄酒相比，丰满型葡萄酒的色泽通常都比较深。酒精度高于 15%，也是判断一款葡萄酒属于丰满型的安全指标。

木塞味（Corked） 有一种细菌，寄生在软木塞上，使葡萄酒尝起来有一种脏袜子的味道。实际上，这种脏袜子味常常是服务生或侍酒师打开你点的葡萄酒后，你品尝的第一口酒的味道。与普遍看法相反，"木塞味"并不是说软木塞的碎屑掉进了瓶中酒里才带有那种味道。它是指细菌产生的袜子味跑进瓶子里了！

奶油般的（Creamy） 这里指一些白葡萄酒的质地。一款奶油般质感的葡萄酒会令口感饱满、柔和而厚重，就像喝了一口奶油似的，而不像柠檬汁那样酸涩。奶油质感的白葡萄酒往往也属于丰满型。霞多丽（Chardonnay）就是一款典型的奶油质感的葡萄酒。

科瑞芒（Crémant） 这个术语用于指产自法国但并非在香槟（Champagne）地区生产的任何一款起泡葡萄酒（参见后文关于"香槟区"的论述）。

脆爽（Crisp） 用于描述白葡萄酒质感的另一个词。这个词与"很解渴"同义，且与奶油质感完全相反，跟一杯冰镇柠檬汽水差不多。口感脆爽的白葡萄酒往往属于轻盈型。

园（Cru） "葡萄园"的一个极其雅致且极具法式气派的说法。

特酿（Cuvée） 用于区分同一生产商所酿的葡萄酒。特酿所用的葡萄常常产自某个特定的葡萄园，或是几个品种的特定组合。你可以把它想象成这样一种情况：任何公司都会对品质或规格不同的相似产品进行分类，如奔驰公司对其生产的汽车进行分类（SL 500型或CLS 450型），耐克公司对其生产的鞋子进行分类（Air Max和Air Force 1）。

醒酒（Decant） 将葡萄酒从瓶中倒入另一个容器（通常是花瓶状的玻璃醒酒器）的过程。这样做的目的一般是为了把陈年葡萄酒中的沉淀物分离出去（参见词条"沉淀"），或使不够年份的葡萄酒变得柔和、可口。

干型（Dry） 刚刚接触

葡萄酒的人在商店买酒或在餐馆点酒时经常用到这个词。这个词指任何一种口感不"甜"的葡萄酒。如果点一份甜葡萄酒，那么你得到的就将是一份甜点酒（Dessert Wine）。尽管点干葡萄酒并没有错，可严格来讲，绝大多数葡萄酒都是干葡萄酒。如果你想找喜欢的葡萄酒，这个词不是很有用。在餐馆或者商店里要"干"葡萄酒，就像走进一家麦当劳餐厅点餐时说："嗯，我知道自己不想吃寿司。"用"大酒""轻盈型""带有泥土芬芳""果香型"之类的术语更有可能让你找到自己喜欢的葡萄酒。

特级园（Grand Cru）　勃艮第的葡萄园根据本地区产出葡萄的质量，对每一小片土地进行了法定分级。这样的分级类似于一种奖项，"特级园"就是其中的最高等级。这个术语也用来指香槟地区的某些村镇，它们都以出产品质最佳的葡萄而著称。

一级园（Premier Cru）它是勃艮第葡萄园分级体系中低于"特级园"的一个级别。此词也用于香槟地区，只是不那么常见罢了。在波尔多，"一级园"被用来指特定的酒庄，是当地的最高等级。这种级别的葡萄园仍属品质极佳者。你还可以找到很多值得一饮却没有排名的酒款，而对于这些葡萄酒，我们并没有一个可以涵盖一切的术语来指称。

收获季（Harvest）　指葡萄成熟后可以采摘的那段时间。无论种植于世界何地，葡萄的收获都是一年一次，不在夏末就在早秋。

浸渍（Maceration）　在发酵过程中，让葡萄皮与葡萄汁保持接触，目的是使葡萄汁带上颜色。浸渍大约24小时之后，白葡萄酒便会变色。红葡萄酒要浸渍数周甚至数月。橙酒实际上就是白葡萄酒。跟普通的白葡萄酒相比，橙酒与果皮接触的时间更长。

大瓶（Magnum）　一瓶1.5升的葡萄酒相当于两瓶

750毫升装的葡萄酒。

新世界（New World） 这个术语指欧洲以外的任何一个酿制葡萄酒的地区。

旧世界（Old World） 这个术语指欧洲大陆上那些传统的酿酒国家。

橡木、橡木味重的、橡木味（Oak, Oaky, Oakiness） 在橡木桶中陈化的葡萄酒可能会稍微带有酒桶的味道。这种味道非常独特，会令人品出香草、焦糖和肉桂的味道。你不妨想一想波本酒（Bourbon）或威士忌酒（Whiskey）中的一些口感成分（这两种烈酒都是在橡木桶中陈化的）。全新的橡木桶会让葡萄酒带有一种比用以前使用过的橡木桶更强的橡木味。

生产商（Producer） 与"酒厂"或"酿酒公司"同义。生产商属于实体企业，包含所有与酿制葡萄酒并使其商业化有关的一切要素，如种植、酿酒、市场推广、销售，等等。

饱满（Rich） 白葡萄酒与红葡萄酒都可以被称为"饱满"的葡萄酒。一般指口感厚重、黏稠的葡萄酒。

沉淀（Sediment） 指红葡萄酒陈化过程中自然形成并且沉淀于瓶底的微小固体颗粒。沉淀物虽然可以喝掉，但你多半不想喝这种东西。

侍酒师（Sommelier） 这个称谓来自法语，指餐馆里的葡萄酒专家。侍酒师通常拥有各种等级的资格证书，包括"高级侍酒师"和"侍酒大师"。这与空手道运动中不同颜色的腰带有些相似，只不过人们不会给儿童颁发侍酒师证书。还要注意的是，并非所有的侍酒师都有证书，就像你并不是非得拥有一根黑带才能踢东西

一样。

亚硫酸盐（Sulfites） 葡萄酒中天然存在的化合物。为了更好地储存葡萄酒，酿酒师也经常往酒中添加一些亚硫酸盐。我们平常吃的很多东西，如水果干、番茄酱和苏打水，既有天然存在的亚硫酸盐，也有人为添加的亚硫酸盐。

单宁（Tannins） 天然存在并让葡萄酒带有苦涩味道的化合物。含有大量单宁的葡萄酒被说成"单宁重"。它们给你带来的口感是脸颊内侧与牙龈、牙齿粘连在了一起。单宁含量太高或者味道太苦涩的葡萄酒需要陈化很长时间才能变得口感柔和。尽管如此，单宁常常也是葡萄酒品质的标志，因为它标志一瓶葡萄酒在酒窖里存放时间的长短。

葡萄园（Vineyard） 实际种植葡萄的土地。与有些用法相反，这个词并不是指葡萄酒品牌或者生产商，只是一个实实在在的地方。

年份（Vintage） 酒瓶上标注的年份。葡萄酒的年份指的是所用葡萄的采摘时间。

酿酒师（Winemaker） 负责酿造葡萄酒的人。虽说酿酒师通常就是葡萄酒生产商，但也经常被生产商雇用。此外，许多酿酒师还会同时为数家生产商酿制葡萄酒。

葡萄酒厂（Winery） 酿制葡萄酒的场所。注意，不要将葡萄酒厂与葡萄园混为一谈。

非主流问题
（IAQs）

在学习葡萄酒知识时，一个最令人苦恼的方面是这一领域里即使最基础的知识也可能非常复杂。我们假设你在一生中的某个时候曾经喝过葡萄酒，并且可能对下述事实有基本的了解：其一，葡萄酒由葡萄酿制而成；其二，葡萄酒中含有酒精。不过，你知道葡萄汁是如何变成大名鼎鼎的勃艮第葡萄酒的吗？你知道香槟酒为何会起泡吗？桃红葡萄酒（Rosé）是如何酿制出来的？为什么人们都说要让葡萄酒"呼吸"呢？

其中的大多数问题都不止一个答案。了解葡萄酒知识之所以会变成一个令人望而生畏的话题，原因就在于此。不过，了解这些基础知识非常重要：你不但能由此获得更多葡萄酒的知识，也会因为知道这些问题的答案而变得自信。你对自身所掌握的知识的信心正是获取更多知识的关键。开始吧，尽管提问。这样做完全没问题。

关于葡萄酒本身的问题

葡萄酒是如何酿造出来的

葡萄酒是经过发酵产生酒精的葡萄汁。果汁中的糖接触酵母之后就会发酵。

这看上去很简单，其实也不尽然。将葡萄汁酿成葡萄酒是一回事，而将葡萄汁酿成人们真正想喝的葡萄酒则完全是另一回事。酿出一种适合大众口味的葡萄酒需要有高超的技巧，并且做到这一点的方法还不止一种。在地区与地区之间、酿酒师与酿酒师之间，酿制葡萄酒的工艺可谓千差万别。

我们不妨先来看一看葡萄被采摘下来之后发生的事情（因为在此前的农事都属于耕种的范畴，而本书并不是一部关于农业的图书）。在后文中，我们还会进一步论述种植、土壤和天气都很重要的原因（假如你了解这些方面的内容，不妨直接跳至"产地概述"一章），但就目前而言，我们最好还是把注意力集中在葡萄采摘下来之后的事上。采摘葡萄之后，人们随即对葡萄进行压榨，使果汁与果皮、果茎分离开来。人们在榨汁时既可以手工制作，也可以用机器。

有了葡萄汁之后，酿酒师就必须决定是让葡萄皮与葡萄汁保持接触以便给酿出的葡萄酒着色、增味，还是迅速将果皮撇掉。你可以把果皮想象成茶包：它们与液体接触的时间越久，液体的颜色就会变得越深。这种工艺被称为"浸渍"，一般需要几周的时间。

一旦浸渍过程结束，酿酒师就会把葡萄酒装入某种容器。这是酿制过程中的一个重要节点，因为陈化所用的容器可能是用不同的材料制成的，如橡木、混凝土和不锈钢等。因此，容器就成了另一个变数。不同类型的容器会产生大相径庭的结果。橡木桶可以给葡萄酒赋予肉桂、香草和香料的味道。不锈钢容器不会给酒带来任何特别的味道，但会让葡萄酒保持纯正的风味。混凝土容器与不锈钢容器类似，也不会给葡萄酒带来什么特殊风味。葡萄酒在这些容器当中存放多久取决于酿酒师想要实现的目标。白葡萄酒一般会陈化数月至1年，红葡萄酒则从6个月到3年不等。这些都是一般性的指导原则，例外的情况极为少见。陈化结束之后，葡萄酒就会被装入瓶中，用软木塞塞住瓶口，在瓶中继续陈化或者被喝掉。

为什么葡萄酒需要陈化

葡萄酒最美妙的一个方面就是能够随着时间的推移而变得更好。这就是为什么我们经常会将有年代感的人或物（如20世纪50年代的丹麦旧椅、美国资深女演员梅丽尔·斯特里普）比作"如陈年美酒般醇厚"的原因。葡萄酒中的各种酸、醇和化合物会以多种不同的方式发展变化和相互作用，从而改变葡萄酒的特性，并最终改变葡萄酒的口感、气味和外观。有些葡萄酒的品质可以在这一过程中得到极大的改善。决定一款葡萄酒是否应该进行陈化的因素有很多，葡萄的品种、酸度、单宁、酿制风格和年份都是要考虑的。

起泡酒为何会产生气泡

与不起泡的葡萄酒一样，酿制起泡酒的葡萄也是经过种植、压榨而变成葡萄汁，再经发酵变成葡萄酒的。可以采用几种不同的技术来产生气泡，而且这些技术之间差异巨大。所有的工艺都会通过二氧化碳产生压力，在这里我们就不详细讨论了。

你应当了解一点，那就是生产香槟酒（参见第"产地概述"一章）的工艺不同于绝大多数起泡葡萄酒的酿制方式。虽然世界其他地区的酿酒师也可以用同样的方法酿制起泡酒，但这种酒并非香槟。他们酿制的只是起泡酒而已。

世界上有很多这样的起泡酒。意大利、西班牙和法国香槟区以外的部分地区都在用各种各样的葡萄酿制各种各样的起泡酒，如"普罗塞克"（Prosecco）、"卡瓦"（Cava）和"科瑞芒"。它们都是值得品尝的好酒，价格一般要比香槟实惠。它们也没香槟那么复杂。

何谓自然酒

你很可能有一位非常喜欢天然葡萄酒的朋友。不过，"自然酒"是什么意思呢？十有八九那位朋友没法真正跟你说清楚。老实说，如果不进行一些细致入微的讨论，分清"传统"与"商业"、

"天然"与"低干预"之间的界限，我们也没法讲清楚。这是一个非常复杂的问题。

尽管如此，我们还是有一种相对简单的方法来辨识自然酒。这种葡萄酒往往都是：

（1）在不是很有名的地区酿制；

（2）由有机葡萄种植者酿制；

（3）由葡萄发酵成葡萄酒，而不会添加硫化物之类的添加剂以控制或者促进发酵过程。

自然酒通常也有一些关键的共性特征。这种酒通常酒精度较低、味道可口，闻起来有点儿古怪（或者非常古怪）。这种酒往往有些浑浊，并呈现一些令人意想不到的颜色，如亮粉色和橙色。它们基本上算是葡萄酒世界里的"布偶蛙"①，古怪、荒唐，但不失可爱。

我们很难对自然酒的范围加以最终界定，因为这一领域根本就没有规则可言。不过，也正是因为这一点才使得那么多人对自然酒趋之若鹜。没有规则，也就不存在知识障碍了。大

经常酿制自然酒的地区：

·法国卢瓦尔河谷（Loire Valley）

·法国汝拉（Jura）

·意大利西西里岛（Sicily）

·奥地利布尔根兰（Burgenland）

·西班牙加纳利群岛（Canary Islands）

·墨西哥巴哈（Baja）

·格鲁吉亚（Georgia）

·黎巴嫩（Lebanon）

① 布偶蛙（Muppet），本义为"蠢人，笨蛋"，因 1976—1981 年间英美两国播出的一档综艺电视节目《大青蛙布偶秀》（*The Muppet Show*）而闻名。这档节目以胆小温和的布偶青蛙"科米蛙"（Kermit the Frog）为中心，以过度欢闹、肢体搞笑和荒唐滑稽的喜剧感为主要特点。——译者注

多数情况下，人人都可以平等地比拼学习、竞相探索。因此，自然酒犹如一种"先导药"，帮助人们发掘自己对葡萄酒的爱好。若是没有自然酒，人们或许没有这样的兴致。我们认为这是好事，但我们也认为不要只喝自然酒同样重要。

什么是浸皮型葡萄酒

如今，在一些酒单和某些葡萄酒商店里，你可能会看到"浸皮型（Skin-Contact）葡萄酒""橙酒""浸渍葡萄酒"之类的说法。这种古老的酿酒方法在 20 世纪 90 年代开始重新投入使用。"浸皮型葡萄酒"恰如其名，是指在发酵过程中将白葡萄汁与葡萄皮混在一起而酿制出来的葡萄酒。这种工艺，会让酿出的葡萄酒带有一种不同的味道和更深的颜色（橙色）。浸渍的时间越久，这种味道就会越浓，颜色也会越深。

浸皮型葡萄酒通常都用你听说过的葡萄品种酿制而成，如长相思或者灰皮诺（Pinot Grigio）。不过，它们的口感却完全不同，通常会更加浓郁，并带有酸味。有些人很喜欢喝这种葡萄酒，而有一些人却并不喜欢。

何谓桃红葡萄酒

你十有八九喝过这种东西。可你知道它是什么酒吗？或许，我们可以从桃红葡萄酒不是什么开始说。桃红葡萄酒不是由少量红葡萄酒和少量白葡萄酒混合而成的。那样做只会搞得乱七八糟。我们已经试过了，结果就是我们得买块新地毯。绝大多数桃红葡萄酒都是用还没有完全成熟的红葡萄酿制的。也就是说，这种葡萄的品质都不够好，无法酿制出酿酒师首选的葡

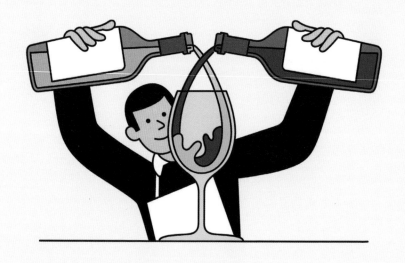

萄酒，因为它们太酸涩，颜色也不够深。但是，假如你想酿出一种能够在大热天里提神醒脑、令人心动的酒款，那么酸味就成了一种优势。于是，那些酸葡萄就会被人们尽快酿成葡萄酒并装瓶，以便赶在春季假期之前上架。因为酿酒过程快，桃红葡萄酒价格低廉。它在酿制过程中，不需要装在橡木桶中历经长时间陈化，这样可以节省时间、节约成本。

关于葡萄酒的其他问题

怎样存放葡萄酒

葡萄酒是一种容易变质的产品。虽然不像牛奶或者稀有的日本竹笑鱼（Horse Mackerel）坏得那么快，但若存放不当，葡萄酒最终会发酸。幸好把葡萄酒存放在它的"舒适区"内并不难。

假如你打算马上将葡萄酒喝掉，那就不用担心如何存放的问题。只要你打算在一周左右的时间内喝完，除了壁炉旁边或汽车后备箱外，放在任何地方都可以。一定要避免在极端温度环境中存放。

假如你觉得自己会在接下来的几个月内开一瓶酒喝，你可以把它放在冰箱里。冷藏不会影响酒的品质。饮用之前，把它加热到合适的温度（参见下一个问题）就行了。

假如你打算收藏一批葡萄酒，或者攒了足够多的葡萄酒，酒的存放就是问题了。你可以考虑购买一台专门用来存放葡萄酒的小冰箱。这种冰箱都是专门设计的，旨在保持理想的温度与湿度，以使葡萄酒安全陈化。这种冰箱里面都装有固定放置瓶装葡萄酒的架子，可以使酒瓶斜放以使软木塞始终接触葡萄酒。否则，软木塞就有可能变干而导致氧气进入瓶中，使葡萄酒变质。专门存放葡萄酒的冰箱有各种各样的形状、大小和价格，这意味着人人都可以选到合适款式的冰箱。

葡萄酒的最佳饮用温度是多少

葡萄酒储存和饮用时的温度十分重要。绝大多数侍酒师都

会告诉你，存放红葡萄酒的理想温度是 55～60 ℉，白葡萄酒的理想温度是 40～45 ℉。就算你没有存放葡萄酒的专用冰箱，那也没什么好担心的。你没必要搞得那么精确。你需要的，不过是一个被称为"15 分钟规则"（The Fifteen-Minute Rule）的简单技巧。就红葡萄酒而言，你在室温下保存就行（前提是你不会让室温高到 88 ℉）。想喝的时候，只须把它放入冰箱冷藏 15 分钟就可以。至于白葡萄酒，你可以储存在冰箱里，想喝的时候提前 15 分钟拿出来。你需要记住的仅此而已。

饮用葡萄酒需要什么工具

这里有个好消息：你真的不需要太多工具。

有一件被称为海马刀的开瓶器很重要，它可以轻松地打开任何瓶子。葡萄酒开瓶器很便宜，世界上的顶级餐厅和酒吧都可以用。千万不要买那种需要装电池或者必须安在台面上的螺旋式开瓶器。

葡萄酒杯也形状各异、大小不一。有些人会对你说，特定的葡萄酒必须使用特定的玻璃杯，如此才能获得真正的口感体验。这种人往往都是卖酒杯的。你根本不需要去买一只专门饮

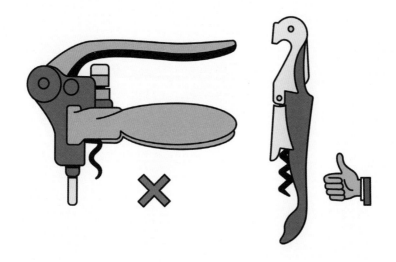

用波尔多葡萄酒的酒杯、一只饮用黑皮诺的酒杯和一只蚀刻高脚杯。有一个多功能酒杯就够了。假如还想要一只细长型的香槟杯，再买一只就可以了。用香槟杯和多功能酒杯饮用香槟的唯一区别不过就是你端着酒杯时的美妙感觉有所不同罢了。

尽管我们都赞成用一种随性的方式来品葡萄酒，但我们并不建议你用水杯、咖啡杯或者浅底碗喝，除非当时的情况确实让你别无选择。标准葡萄酒杯的形状能让酒的香味自行散发出来，而这正是品酒体验的重要组成部分。我们还强烈建议你使用有脚的酒杯。你可能听说过，端着酒杯时手会改变杯中酒的温度。这种说法是有一定道理的。但说实话，这种说法的潜台词是别用手碰酒杯。

葡萄酒开瓶器的使用方法

1.

去除箔纸。沿着瓶嘴凸缘的第二圈（不是最上面的那一圈）把密封箔纸切开。用刀口压住箔纸，绕着瓶颈割一圈，将箔纸剥离，然后扔掉。假如酒瓶用硬蜡封口，可以试着用开瓶器轻轻敲击，将蜡敲掉。假如是软蜡封口，那就直接跳到下一步。

2.

将旋杆插进软木塞。把酒瓶放在桌上，单手抓稳。假如找不到桌子，那你不妨把酒瓶放在地上、卡车的引擎盖上或者办公室里任何平整的表面上。不要将酒瓶夹在两腿之间。现在，你就准备好真正开始旋拧了。尽量将旋杆插在软木塞顶部的中央，而不是偏向一边。向下旋拧，直到旋杆的最后一圈没入软木塞。这样就拧进去了。

3.

拔出软木塞。将开瓶器的支轴抵在瓶口上，尽可能地垂直往上拉。想象你正在打开一罐汽水时的情形——拽住拉环，将拉扣拽开。仅拔一次，软木塞有可能无法全拔出来，你还要用手将软木塞的余下部分拧出来。

软木塞坏了该怎么办

假如软木塞断成了两截，并且断口齐整，那你只需再次尝试，用开瓶器将剩余部分拔出，或者干脆捅进酒瓶。然后，用任意一种过滤器将葡萄酒倒入另一个容器。还有两种类型的断裂可能说明葡萄酒储存不当。一种是软木塞变成了碎木渣，另一种是软木塞紧紧贴住酒瓶内壁。这两种迹象都表明葡萄酒储存有问题，瓶中的葡萄酒很可能已经变质。

"让葡萄酒呼吸"是什么意思

假如你想让自己说的话听起来像出自一个葡萄酒行家，那么你就可以这样说："让它呼吸呼吸吧。"接触氧气之后，葡萄酒的特性可能会稍有改变。这样做有时会让葡萄酒的口感变得更佳，有时一些轻微的可见变化会带来轻微的差异。说到底，你无须太担心给葡萄酒做"心肺复苏"（CPR）的问题。假如你一开始就不喜欢某种葡萄酒的味道，那么将这种酒倒入酒杯待上 15 分钟，你十有八九还是不喜欢。

为何有些葡萄酒需要醒酒

年头较久的红葡萄酒的瓶底经常会有沉淀，将酒倒入醒酒器中可以将澄澈的酒液与酒渣分离开来。做法如下：

1. 慢慢地将葡萄酒倒入醒酒器（倒酒时不要将酒瓶倒个底朝天）。

2. 继续倒酒，直到瓶中剩下约 1 英寸（2.54 厘米）高的葡萄酒。将余酒留在瓶中。

关于饮用葡萄酒的问题

为什么喝葡萄酒之前要闻一闻

大多数人会在喝葡萄酒之前闻一闻酒的气味，他们认为这是必须做的事，以示他们清楚自己在做什么。这样做也并非全是为了装样子。

有些情况下，你可能会闻一闻葡萄酒，看它是不是由于软木塞上的细菌或者储存不当而变质了。

除此之外，你也可以把闻酒当成品酒的一环，即获得一种额外的感官体验。说到底，闻一闻就是感受一下酒香。酒的香气能唤起一些深刻的记忆与联想，因此葡萄酒的气味有可能让它变得更加令人心动。在理想状况下，酒香还会让你想起另一种自己喜欢的东西，如薰衣草或新鲜水果。在你心情不好的时候，它还有可能让你想到让你感到愉悦的事情。

为什么喝葡萄酒之前要摇晃酒杯

摇晃酒杯只是为了让酒香飘进你的鼻子，鼻子就不用贴上去闻了。晃动酒杯会让葡萄酒的气味变得更加明显，假如你愿意这样做的话。

如何品尝葡萄酒

品尝葡萄酒是一个人天生就会的事，前提是你的舌头没什么问题。**你并不需要学习如何品尝，你只要学会集中注意力就行。**

那么，如何才能集中注意力呢？在我们看来，是否真正了解自己正在品尝的东西，往往都体现在能不能用恰当的词表达我们的感受。人们会用 "可口""辛辣""爽脆"来描述葡萄酒，原因就在于此。这些术语都很有用处，可在一定程度上引导大脑记住一种味道，这样当再次遇到这种味道时，你很快就能辨认出来。

若是想用自创的词来帮助记忆，那你尽管去做好了。但记住"长相思带有西柚的味道"会更加容易，因为事实就是如此。

那么，你该如何辨识某些葡萄酒的滋味呢？你需要考虑以下 3 个基本要素。

酒体。酒体是指葡萄酒的口感。比如白葡萄酒究竟是轻盈爽口如一杯柠檬水，还是口感厚重像是喝了一大口橄榄油？红葡萄酒的味道有点像咖啡：要么如黑咖啡般轻盈而略带酸味；要么是厚重甜腻，就像咖啡中加了 4 层奶油和 2 颗方糖？某些品种的葡萄酿造出来的葡萄酒会具有始终如一的酒体。比如长相思葡萄酒一向都轻盈爽脆，而赤霞珠葡萄酒基本上属于"摩卡奇诺弗莱帕托"（MochachinoFrappiatto™）口味。

气味。很显然，鼻子与味觉大有关系。鼻子的确有助于你辨别自己正在品尝的东西，有时你会闻到酒中的泥土芳香而不是尝出来。你还会闻到别的什么气味呢？鲜花的芬芳？水果的香甜？烟味？让鼻子去发现吧。

口感。真正意义上的口感是指各种味道接触舌头的方式。说到舌头，有一点非常重要，那就是你应该将舌头的所有部位都用上。你或许还记得很久以前上过的解剖学课，知道舌头的各个部位都分布着味蕾。然而，在饮用葡萄酒、啤酒或者其他饮品的时候，我们却常常让饮料顺着舌面中央直接下肚。那就意味着许多味蕾都被排除在这场"派对"之外，没有发挥作用。让它们都加入进来。它们都很活跃，能带来更为丰富的体验。

既然你已经熟悉了上述 3 个基本要素，我们打算让你了解构成一款葡萄酒特性的另外 3 个关键要素：是否具有橡木味，在口感谱系中的位置，以及酒的酸度。

首先，储存在橡木桶里的葡萄酒都会带有这种木材的浓郁味道。这些带有橡木味的各种特性都非常独特且易于辨识：你会品出香草、香料、焦糖、丁香的味道，有时甚至是烟熏味。不在橡木桶中陈化而是保存在不锈钢容器或混凝土罐中的葡萄酒的味道较为纯净，会呈现出更多纯粹的水果味。

其次，尽管葡萄酒由葡萄酿成，但有些葡萄酒也能呈现出丰富的口味层次，如蘑菇、橄榄或者胡椒的味道。勃艮第白葡萄酒和白诗南（Chenin Blanc）就是很好的例子。至于红葡萄酒，如里奥哈（Rioja）和法国的品丽珠（Cabernet Franc）也充分说明了这一点。其他的葡萄酒则更为明显地属于果味、甜味，如长相思、雷司令、加州黑皮诺或者马尔贝克（Malbec）。

最后，酸度是衡量所有葡萄酒品质的一个极其重要的因素，

咸味的　　　　　　　　　果香味的

会极大地影响葡萄酒的口感。夏布利（Chablis）、干型雷司令、勃艮第红酒、北罗讷河谷（Northern Rhône）的西拉（Syrah）、布鲁奈罗（Brunello）和巴罗洛（Barolo）都属于高酸度葡萄酒，因此都会呈现出明显的酸味。假如你喜欢其中任何一种，那就说明你喜欢喝高酸度葡萄酒。

　　一旦开始关注这些要素，你就会更快地弄清自己喜欢喝什么样的葡萄酒，并会更加经常地发现自己喜欢的新酒款。将这些方面结合起来，就会组成下面这句话：

> "我知道自己喜欢喝酒体丰满、酸度很高、口感层次丰富的非果味葡萄酒。"

　　清楚这一点，就说明你已经知道很多了。

　　你已准备好一边啜饮一边思考，而不是漫无目的地一饮而尽之后，下一步又该干什么呢？显然就是品饮尝葡萄酒了。体验当然重要。

产地概述

你需要了解的一些地方

在探索和学习葡萄酒知识的旅程中，到了某一时刻，你必将看到这样一个词：terroir。它是个法语单词，意思是"泥土"（属于"土壤"的范畴）。它之所以重要，原因就在于：据说优质葡萄酒都会呈现出种植葡萄、酿制葡萄酒之地的风土条件。黏土、花岗岩、板岩、石灰岩土壤中的其他元素都会让葡萄的生长过程中带上某些风味。气候也会发挥重要的作用。温度、阳光直射、降水，以及其他与天气有关的因素都会对葡萄产生影响，并最终影响用这些葡萄酿制出来的葡萄酒。将这些因素结合起来后你就会认识到有一种地方感对了解葡萄酒是非常重要的。

你可以想见，一个拥有白垩质土壤、气候寒冷的地方所产的葡萄酒与某个气候温暖、土壤中有大量黏土的地方所产的葡萄酒大不相同。许多地方可能具备相似的气候条件和土壤构造，即使它们位于世界上不同的地区。想知道黑皮诺葡萄为何在法国的勃艮第地区与美国的俄勒冈州都能茁壮生长吗？看看两地在地球上的纬度位置就明白了：它们差不多处于同一纬度。这就意味着即使它们之间相距数千千米，但具有相似的环境，从而具有相似的特征。

在本章，我们虽然并不打算深入探讨风土条件、土壤构造和天气模式之间的各种细微差别，但确实想让你对世界上一些重要的葡萄酒产地有个基本的了解。由此，你应该能更好地理解为何某些葡萄品种会具有某些特性了。此时，你也应当明白，我们都是非常乐于帮你了解个中原因的。

法国

　　法国出产大量的葡萄酒，葡萄品种也非常多。大多数人都会对你说，法国出产世界上最好的葡萄酒。我们也会这样说。事实上，我们已经说过了。

　　不管对法国了解多少，你至少知道那是一个极其重视美食与葡萄酒的国度。自古罗马人统治法国以来，葡萄酒一直是法国历史、经济和居民日常生活中一个不可分割的组成部分，一直如此。你肯定也知道古罗马人对葡萄酒的感受。他们非常喜欢喝葡萄酒，因此，他们到处种植葡萄以确保每个地方都能出产大量的葡萄酒。感谢古罗马人。虽说并非事事都要感谢，但在葡萄酒这一点上肯定要感谢他们。

　　尽管如此，说起葡萄酒，法国仍是一个令人感到困惑的国度。假如你刚刚开始了解葡萄酒，又不懂法语，就更是如此了。法国有众多的法律法规规范着葡萄酒的贴标与分级，也有许多不同的地区和许多重要的葡萄酒品种等着你去探究、品味。

　　法国的葡萄酒通常以产地命名，而不是以酿造所用的葡萄品种命名。这里的葡萄酒不叫黑皮诺，而叫勃艮第；不叫佳美（Gamay），而叫博若莱（Beaujolais）。因此，地名很重要。虽说原因很多，但主要还在于帮你了解葡萄酒的品质与重要性，并经常帮你了解酿制葡萄酒所用的工艺。

波尔多

波尔多是法国最大的和最著名的葡萄酒产区。它分成两个部分，即加龙河（Garonne River）的左岸与右岸。加龙河两岸酿制的葡萄酒是不同品种葡萄的混酿。左岸地区的波尔多葡萄酒往往以赤霞珠为主，而右岸地区的波尔多葡萄酒则以梅洛和品丽珠为主。两岸所产的葡萄酒全都酒体丰满，口感也很相似。

波尔多有一种传统的优质生产商分级制度。你或许听说过"一级酒庄"（First Growth）或"二级酒庄"（Second Growth）之类的术语，它们是最高的两个等级，指的是葡萄园里所栽的葡萄树的年头（越老越好）。如果一家生产商拥有其中的一个等级，那就说明其酿造优质葡萄酒已经有很长一段时间了。不过，如今波尔多出产的好酒有许多并不属于这个体系。

勃艮第

勃艮第是法国黑皮诺和霞多丽葡萄酒的产地，是一片绵延起伏的丘陵，到处都种着葡萄。勃艮第实际上是一个面积相当狭小的地区，又被分成很多更小的区域，然后再划分成一座座面积极小的葡萄园。这样的划分使得勃艮第成了法国最令人觉得困惑的葡萄酒产区。这里也是法国最好的葡萄酒产区之一。

由于勃艮第被划分为一个个面积狭小的地区和一座座葡萄园，故唯一能够消除人们困惑的办法就是按照某种层级体系对整个产区进行划分。我们不妨从那道绵延起伏的丘陵开始。那道丘陵叫做 Côte d'Or，意思就是"金丘"（Golden Slope）。现在，我们不妨把这道很长且基本为南北走向的丘陵分成两半。北边的那一半叫"夜丘"（Côte de Nuits），勃艮第最优质的红葡萄酒就产自这里。南边的那一半叫"博恩丘"（Côte de Beaune），勃艮第的白葡萄酒都产自这里。

在夜丘，你会看到热夫雷-

香贝丹（Gevrey-Chambertin）、莫雷–圣丹尼（Morey-Saint-Denis）、香波–慕西尼（Chambolle-Musigny）、沃恩–罗曼尼（Vosne-Romanée）及夜圣乔治（Nuits-Saint-Georges）等酿制红葡萄酒的村镇。这些都是赫赫有名的葡萄酒产地。酒很有名，价格昂贵。

在博恩丘，主要有两个出产红葡萄酒的小镇，即波玛（Pommard）和沃尔奈（Volnay）。该区的其他地方包括默尔索（Meursault）、普里尼–蒙哈榭（Puligny-Montrachet）和夏山–蒙哈榭（Chassagne-Montrachet）等重镇，大多出产白葡萄酒。

除了上述著名地区，勃艮第的奥赛–杜莱斯（Auxey-Duresses）、桑特奈（Santenay）和圣欧班（Saint-Aubin）等村镇如今也都因出产优质葡萄酒而开始获得世人的认可。

了解了这么多的信息和勃艮第葡萄酒价格不菲之后，你也可以在葡萄酒标上找一找"勃艮第红"（Bourgogne Rouge）或"勃艮第白"（Bourgogne Blanc）之类的字眼。凡有这种标识的葡萄酒都是勃艮第出产的葡萄酒中价格最便宜的酒款。

说到看葡萄酒标签应该注意的方面时，你还必须知道勃艮第对葡萄园有一种法定分级制度：根据每小块土地所种葡萄的质量进行分级，类似于一种荣誉。酒标上会标明等级，如"特级园"（最优）和"一级园"（次优）。也有许多优质葡萄酒来自那些没有获得上述等级的葡萄园，你无法通过快速浏览标签来区分它们是哪种葡萄酒。正因如此，了解优质葡萄酒生产商的名称才会变得很重要。在这方面，我们也可以助你一臂之力（参见"我们最喜欢的生产商"一章）。

夏布利

夏布利（Chablis）是霞多丽葡萄酒的产区，位于勃艮第主要丘陵区以北。虽然从地理上来看这里不在勃艮第之内，但从法律上讲，夏布利却是勃艮第的一部分（因此，这里的葡萄园也可以分成特级园与一级园）。与勃艮第所产的霞多丽相比，夏布利葡萄酒的酒体较为轻盈，酸度也高，这是因为夏布利的天气较为寒冷，与勃艮第的土质也不同。

香槟区

有一点你必须知道：香槟是个地名，而不是一个葡萄品种。香槟地区面积广袤，有许多小镇。虽说每个小镇都有自己的特色，但它们出产的却是同一种风格的葡萄酒。作为葡萄酒产区，香槟之所以显得独一无二是因为这里种植葡萄的条件很极端。这一点也是香槟酒具有独特风味和工艺的原因。香槟是一个气候寒冷的地方，比绝大多数葡萄种植区更靠北。低温导致葡萄不够成熟，无法用于酿制像法国其他地区那样的传统无汽葡萄酒。

罗讷河谷

罗讷河谷是法国一个面积广袤且非常重要的葡萄酒产区，分为北罗讷河谷与南罗讷河谷两个部分。两地都以出产红葡萄酒为主，所产葡萄酒的色泽几乎都比较深，且果味浓郁，其中一些酒款甚至可能带有烟熏味。这里的白葡萄酒产量极少，甚至可以混入红酒之中。北罗讷河谷出产的葡萄酒是用西拉葡萄酿制的，而这一地区也是世界上最优质的西拉葡萄酒产地。南罗讷河谷出产的葡萄酒多属混酿，主要用歌海娜（Grenache）酿制而成。

卢瓦尔河谷

卢瓦尔河是法国境内最长的河流，从上游到下游的两岸河堤上几乎到处都是葡萄园。卢瓦尔河流域主要出产白葡萄酒，即长相思葡萄酒与白诗南葡萄酒。不过，你在卢瓦尔河谷也能找到红葡萄酒，它们大都用品丽珠酿制。在世界其他地区，品丽珠通常与其他品种的葡萄混合，但你能在卢瓦尔河谷找到纯粹的品丽珠。

汝拉

汝拉出产的葡萄酒最常被人们拿来与产自勃艮第的葡萄酒做比较，因为这里的红葡萄酒酒体轻盈，白葡萄酒饱满浓郁。与勃艮第的情况一样，这里也种植霞多丽和黑皮诺等葡萄。由于数家重要的生产商影响巨大、经营成功，汝拉已经成为一个炙手可热的天然葡萄酒产区。一些率先酿制自然酒的人在此地开设了酒庄，这种风格已经与整个地区紧密结合起来了。汝拉最常见的红葡萄品种是特鲁索（Trousseau），萨瓦涅（Savagnin）则是值得我们关注的白葡萄品种。汝拉出产的葡萄酒的味道都有点儿古怪，但会吸引你。

博若莱

博若莱盛产佳美葡萄和物美价廉的葡萄酒。博若莱离勃艮第很近（就在勃艮第的南边），因而两地有着相似的气候与地形。这就意味着两地所产的葡萄酒也具有相似的特性。

意大利

意大利葡萄酒是世界上最畅销的葡萄酒之一。不过，法国的特点是有数个优质葡萄酒产区和数个优质的葡萄品种，但意大利的情况却正好相反。意大利的每一座小镇都出产葡萄酒，并且拥有自己的葡萄品种。而且，出了那座小镇，没人听说过那些葡萄品种。也就是说，意大利的葡萄酒具有高度本地化的特点。在意大利，到处都可以喝到令人难以置信的酒款。（你还可以吃到种种令人叹为观止的美食。也许你早已有所耳闻了。）

不把意大利看成一个统一的文化社会，而是看成由众多较小的文化联合起来形成的一个国度，这种观点可能会有好处。在意大利，只有寥寥几个主要地区在国际上获得了很大的成功。我们很难说清这些地方为什么会比其他地方更加出名，有些城镇不过是出产品质较好的葡萄酒罢了。但与其他任何一个行业一样，有的时候成功全在于拥有良好的市场营销手段和正确的定价机制。于是，这些地方才得以脱颖而出。

至于给葡萄酒命名的方式，意大利没有什么惯例。有些葡萄酒是以产地命名的，如巴罗洛（Barolo）和基安蒂（Chianti）。还有一些葡萄酒以酿制所用的葡萄品种来命名，如巴贝拉（Barbera）和维蒙蒂诺（Vermentino）。熟悉它们的最佳方式就是去品尝意大利葡萄酒。把这个加入你的旅行计划吧。

皮埃蒙特

皮埃蒙特（Piedmont）是意大利西北部的一个内陆地区，紧挨着米兰（Milan）。造访这里，除了吃喝，人们其实并无别的其他理由。老实说，你也应该只需要这一个理由。假如你曾去过美国加州的纳帕谷①，你不妨想象一下那里的情形，不过要加上意大利面和城堡。

皮埃蒙特地区有众多的葡萄品种。最著名的有内比奥罗（Nebbiolo），巴罗洛和巴巴莱斯科（Barbaresco）这两种葡萄酒便是由其酿制而成，它们被公认为是意大利最优质和最受推崇的葡萄酒，它们的价格通常也会反映出这一点。一般来说，廉价的巴罗洛葡萄酒肯定属于劣质酒。

皮埃蒙特还有数个红葡萄品种值得我们注意。巴贝拉是一种单宁含量低于内比奥罗的葡萄品种，意味着巴贝拉葡萄酒不像内比奥罗葡萄酒那样粗糙涩口。多切托（Dolcetto）和弗雷伊萨（Freisa）果味浓郁，有点像巴贝拉，而不像内比奥罗。它们也适合酿造优质而令人心旷神怡的酒款。至少意大利人是这样做的。

西西里岛

西西里岛是意大利最南端的一座岛屿，在球迷们看来，就像是意大利这只"靴子"正在踢着的那只"足球"。西西里岛是意大利最温暖和最具异国情调的地方。长久以来，西西里岛唯一外销的葡萄酒就是批量生产的可能标注为"黑珍

---

① 纳帕谷（Napa Valley），美国加州主要的葡萄酒产地，位于旧金山以北的纳帕市（City of Napa）。——译者注

珠"（Nero d'Avola）的廉价葡萄酒。20世纪90年代初，一些人开始用西西里岛不同地区所特有的其他葡萄品种酿制葡萄酒。他们都成功了。

西西里岛上最值得关注的葡萄酒产区就是岛上的一座大型火山——埃特纳火山（Mount Etna）。埃特纳火山地区具有独特的气候，山顶寒冷、积雪覆盖，可山脚下却近乎热带气候。此种气候使得这里出产的葡萄酒与众不同。埃特纳火山地区出产的白葡萄酒口感脆爽，带有咸味和蜂蜜的味道。红葡萄酒则带有烟熏味，酒体轻盈，可以马上饮用，也可以储存很久。

沿海地区

我们已经提到，意大利的每个小镇都声称拥有自己的葡萄品种和酿酒传统。这也包括沿海的一些地方。利古里亚（Liguria）和坎帕尼亚（Campania）出产的白葡萄酒都属于口感不错、价格便宜且始终适合冷藏后饮用的白葡萄酒，你应当记住。

山区

意大利北部是一片绵延起伏的山区，阳光普照的山坡上都生长着葡萄。威尼托（Veneto）、弗留利（Friuli）和上阿迪杰（Alto-Adige）等地都因出产廉价白葡萄酒（如灰皮诺和弗留拉诺（Friulano））而闻名。同时，上述各地也出产通常属于大酒且果味浓郁的红葡萄酒。你可能听说过一种叫阿玛罗尼（Amarone）的红葡萄酒，就产自威尼托地区（那里距威尼斯不远）。阿玛罗尼是一种价格昂贵、酒精度高的

阿玛罗尼

葡萄酒，用葡萄干酿制而成。没错，就是用葡萄干酿制的。

托斯卡纳（Tuscany）

就算没去过托斯卡纳，你也很可能听人说过它是离天堂、极乐世界、至福之境或者任何一种他们向往的理想世界都很近的地方。那里总是阳光明媚，那里的食物令人称奇，那里的葡萄遍地生长。托斯卡纳人都深谙生活之道。而且，他们已经用那样的方式生活了数百年。

托斯卡纳两个重要的葡萄酒产区是基安蒂（Chianti）和蒙塔奇诺（Montalcino）。两地都专注于种植一种葡萄，即桑娇维塞（Sangiovese）。由此酿制而成的桑娇维塞酒是一款经典的中等酒体葡萄酒。这种酒口感丰富，略带酸味，与意大利面非常搭配。我们认为，无论你吃什么，桑娇维塞都是你应当花点时间慢慢品尝的一款葡萄酒。

蒙塔奇诺位于托斯卡纳地区南部。它是一个小镇，位于一座到处都种着葡萄的山丘之巅。蒙塔奇诺出产两种主要的葡萄酒，即蒙塔奇诺干红（Rosso di Montalcino）和蒙塔奇诺布鲁奈罗（Brunello di Montalcino）。尽管这两种酒都是用桑娇维塞葡萄酿制而成，它们的口味却有所不同：与带有泥土味、酒体丰满的布鲁奈罗相比，蒙塔奇诺干红酒体较为轻盈，口感也更清新。假如你喜欢布鲁奈罗，选择蒙塔奇诺干红也不会错。它的陈化时间没有布鲁奈罗那么漫长，价格也比较便宜。

基安蒂是佛罗伦萨（Florence）和锡耶纳（Siena）之间绵延起伏的丘陵地带，风景如画。曾几何时，当地的生产商都一门心思地酿造和销售尽可能廉价的葡萄酒，因此这里的名声不太好。但在更大的区域内，一些主要城镇的生产商会酿造出一些意大利最好的葡萄酒。这里种植的葡萄主要是桑娇维塞，但当地的法规也允许使用其他品种的葡萄混酿。你应当寻找"经典基安蒂"（Chianti Classico），以确保买到的葡萄酒产自品质最好的村镇。

除了基安蒂和蒙塔奇诺，托斯卡纳的其他地区也都出产葡萄酒。人们会用一个术语，即"超级托斯卡纳"，来描述其中的绝大多数红葡萄酒。虽然并无严格的规则来界定哪些葡萄酒是"超级托斯卡纳"，但它们通常是用赤霞珠、梅洛和西拉等法国葡萄品种酿制而成的。这些葡萄品种自20世纪60年代就已在这一地区种植，并在商业上取得巨大的成功。用它们酿制的葡萄酒都是大酒，醇厚性烈，口感更像波尔多葡萄酒，而不像美国加州葡萄酒。由于没有规则约束，因而最重要的因素就是生产商。这些葡萄酒当中品质最好的是西施佳雅（Sassicaia），由圣奎托酒庄（Tenuta San Guido）酿制。其他的葡萄酒大多会浪费你的金钱和宝贵的时间。

美国

美国是一个移民国家。最初来到这里的人们的行囊里都带着剪下的葡萄枝，以便在新家园里种葡萄、酿酒。现在的美国人要感谢那些聪明的先人，因为是他们让黑皮诺与赤霞珠在加利福尼亚遍地生根。美国确实也有本地的葡萄品种。你可能听说过康科德，以及从东海岸到西海岸的大部分地区都种植有葡萄。但这些本地葡萄几乎都只用于制作葡萄汁或葡萄干，或者用于制作"快乐农场主"（Jolly Ranchers）这种糖果。它们也被用于酿制你在美国各地的某些周日礼拜仪式上喝到的免费葡萄酒。据说，美国的 50 个州全都出产葡萄酒，但我们只有喝了内布拉斯加州的葡萄酒才会对此深信不疑。在这里，我们只关注一些最重要的酒款。

在美国，假如你在酒标上没有看到所用葡萄品种的名称，那就说明这是一款混酿酒，并且很可能属于酒体丰满型（喝起来会有点儿乏味）。

西北地区

美国西北部的俄勒冈州和华盛顿州两州都因酿制葡萄酒而享有盛名。

俄勒冈州的主要葡萄酒产区是威拉米特谷（Willamette Valley），这里专门出产黑皮诺。由于所处的纬度、气候与勃艮第相似，这里酿制的黑皮诺可以与勃艮第出产的黑皮诺媲美。事实上，法国的一些酿酒师已经开始在俄勒冈州购买土地，以便在那里酿制葡萄酒。

华盛顿州在20世纪90年代才成为一个广受欢迎的葡萄酒产地。当时，梅洛和赤霞珠很流行，人们对酒体丰满、酒精度高的大酒也趋之若鹜。这些葡萄酒就像詹妮弗·安妮斯顿[①]的长发一样，并没有随着时光的流逝而出现太多变化，绝大多数葡萄酒的味道就像它们陈化所用的橡木桶。

加利福尼亚州

加利福尼亚州是美国最负盛名的酿制葡萄酒的州。就像加州人一样，那里之所以种植葡萄，完全是因为天气。人与葡萄都喜欢明媚的阳光、温暖的白天和凉爽的夜晚。

由于日照充足，与法国用同种葡萄酿制的葡萄酒相比，加州葡萄酒的果味更浓。加州的主要葡萄品种都是法国的经典品种，如赤霞珠、黑皮诺和霞多丽。而且，正如把它们带到美国移民一样，这些葡萄品种在这个新家园里也在茁壮成长。

最负盛名的加州葡萄酒产自纳帕谷。这里生产的白葡萄酒大多用霞多丽酿制，而红葡萄酒则是用赤霞珠和梅洛两种葡萄酿制。就葡萄酒生产而言，邻近的索诺马（Sonoma）海岸区和圣塔克鲁兹（Santa Cruz）山区也很知名。不过，加州的其他地区也有很多优质

---

① 詹妮弗·安妮斯顿（Jennifer Aniston，1969—   ），美国著名演员、制片人兼导演，曾主演情景喜剧《老友记》等，荣获第6届好莱坞电影节最佳女主角奖、第54届艾美奖喜剧类剧集最佳女主角奖等。——译者注

葡萄酒。尤其值得一提的是圣塔巴巴拉市（Santa Barbara County）出产该州最上乘的黑皮诺与霞多丽。

在全球葡萄酒领域，加州享有盛誉。事实上，早在1976年，法国人曾经举办了一场巴黎评审会（Judgment of Paris）。虽说名称如此，实际上此次大会并非一场只有两个身高60英尺[①]的巨人做殊死之斗的赛事，而是葡萄酒行业的一次"奥运会"。此次评审由行业专家领衔，由极其严格的法国葡萄酒专家进行品评。最终，加州葡萄酒竟然出人意料地成了最大的赢家。法国人后来再也没有举办过此种比赛。

纽约州

纽约州出产的葡萄酒超过了美国除加州和华盛顿州以外的其他任何一个州。这里品质最佳的葡萄酒往往都是用生长于该州北部五指湖的雷司令葡萄酿制而成的。你在这里还会发现桃红葡萄酒，它是用长岛（Long Island）的北福克种植的各种葡萄酿制的。

① 英尺是英制长度单位，1 英尺约合 0.3048 米。60 英尺约合 18.3 米。——译者注

西班牙

说到欧洲的葡萄酒时，西班牙比不上法国和意大利。但西班牙也有许多值得我们喜爱和饮用的酒款。西班牙主要的葡萄品种有丹魄（Tempranillo）、阿尔巴利诺（Albariño）和歌海娜。卡瓦是一个用不同的葡萄品种混酿起泡酒。西班牙还以出产雪莉酒（Sherry）而闻名，这是一种加强葡萄酒（即在酿造葡萄酒的过程中添加蒸馏酒精）。

虽然西班牙酿造葡萄酒的传统由来已久，但现在却比以往任何时候都更有意思。新兴的生产商用本地葡萄品种酿制的葡萄酒最值得我们探究，因为它们具有一种独特的口味，且通常是由致力于工艺研究（而非商业成功）的年轻酿酒师酿造的。西班牙西北部出产的葡萄酒尤其可口。

假如你想在酒单上找到有特色的葡萄酒，西班牙是一个值得关注的地方。

在西班牙，有些葡萄酒可能是以酿造所用的葡萄品种命名的，但最常见的是以产地命名。

加利西亚（Galicia）

　　加利西亚位于西班牙西北部。这里草木葱茏、气候潮湿，宛如小说《暮光之城》（Twilight）里的背景，只是没有那么多喜怒无常的青少年。产自加利西亚的葡萄酒标上都有产地，如下海湾（Rías Baixas）、里贝罗（Ribeiro）和萨克拉河岸（Ribera Sacra）。它们都是西班牙排名比较靠前的葡萄酒，且都物超所值。阿尔巴利诺、门西亚（Mencía）、特雷萨杜拉（Treixadura）和格德约（Godello）葡萄都是这个地区特有的品种，由它们酿制的葡萄酒口感始终如一：白葡萄酒超级脆爽、略带咸味，红葡萄酒层次丰富、酒体轻盈。

里奥哈

　　里奥哈（Rioja）是西班牙一个历史悠久、盛产优质葡萄酒的地区，以其独特的酿造形式而著称。里奥哈葡萄酒在橡木桶中陈化时间较长，故带有一种独特的氧化特征。这里出产的顶级葡萄酒都带有"特级陈酿"（Gran Reserva）的标志，它们要陈化10~15年才会上市。这些葡萄酒属于世界上最具珍藏价值的佳酿。此地出产的红葡萄酒大多用丹魄葡萄酿制而成。

普里奥拉托（Priorat）

普里奥拉托是巴塞罗那城郊的一个地区，这里出产的大多数葡萄酒都是用歌海娜葡萄酿制而成的。由于葡萄产地和酿制工艺不同，歌海娜葡萄酒的风味可能千变万化，从轻盈到极醇厚的各种风格都有。变化幅度之大会让你在品饮普里奥拉托出产的葡萄酒时很难确切地知道自己喝的是哪一种。我们给你的建议是先品尝一款，假如不喜欢就再去试试另一款。如果第二款仍不喜欢的话，那就只能彻底放弃这里出产的葡萄酒啦。

德国和奥地利

我们之所以把德国和奥地利放在一起，是因为两国有极其相似的饮食和葡萄酒文化。两国气候相似，有许多相同的葡萄品种，酿造技术也几乎完全一样。事实上，两国生产的葡萄酒常常被混淆。

这里有两大主要葡萄品种：一种是两国都有的雷司令，另一种是奥地利特有的绿维特利纳（Grüner Veltliner）。用雷司令酿制的白葡萄酒从超甜到略干都有，口感多变，往往都非常脆爽。绿维特利纳是奥地利人引以为傲的一种白葡萄，用它酿制的葡萄酒层次丰富，酒体饱满，并且总是物超所值。就红葡萄酒而言，德国主要出产晚熟勃艮第（Spätburgunder），其实就是黑皮诺；奥地利则主要出产蓝色法兰克（Blaufränkisch），尝起来很像黑皮诺和佳美。这两种红葡萄酒值得你在旅途当中去探究一番，但这里确实是雷司令与绿维特利纳的天下。

在德奥两国，一款酒的产区与葡萄园的名字会标注在酒标上，但请注意葡萄品种。品种信息不一定总出现在酒标上，因为这里的葡萄品种较少，所以显得不那么重要。假如是一款白葡萄酒，那么你喝的很可能是雷司令。

阿根廷和智利

与美国加州的情况相似，赤道以南的许多国家之所以出产葡萄酒，也是因为人们出于其他原因（如贸易和移民）前往这些国家的时候将葡萄藤带了过去。这就意味着你在赤道以南的国家也会看到许多法国经典葡萄品种，其中包括赤霞珠、黑皮诺和霞多丽等。阿根廷和智利就是南美地区两个出产优质葡萄酒的国家。阿根廷最好的产区是门多萨（Mendoza）和巴塔哥尼亚（Patagonia），这会在葡萄酒标上清楚地注明。阿根廷尤以马尔贝克葡萄酒著称。智利目前还没有一个一流的葡萄酒产区，但该国用原产于法国的葡萄品种佳美娜（Carmenère）所酿制的葡萄酒在国内外很受欢迎。

澳大利亚

澳大利亚盛产葡萄酒。有些葡萄酒出奇地便宜，质量也非常低劣。不过，澳大利亚也出产一些好酒。留心该国所产的红葡萄酒，如黑皮诺和西拉子（Shiraz）。后者实际上就是西拉葡萄酒，只是澳大利亚这样叫罢了。澳大利亚产西拉子的酒精度通常很高。因此，假如你想找一款酒劲大的葡萄酒，让你可以像喝了威士忌那样酩酊大醉，那就来瓶西拉子吧。

新西兰

新西兰是个美丽的国度，很像夏威夷，但可以在冬天滑雪。如果这还不足以说服你去造访新西兰，加上葡萄酒应该就可以了。你在该国看到的绝大多数葡萄酒属于长相思和黑皮诺。该国最优质的葡萄品种分布在马尔堡（Marlborough）和中奥塔哥（Central Otago）两个地区。

南非

人们似乎都知道南非葡萄酒，或者至少听说过，但实际上我们很难在市面上找到。南非出产上等的白诗南和西拉葡萄酒，还有一种果香浓郁的本土葡萄品种叫做皮诺塔吉 (Pinotage)。最好是只选这里的白诗南和西拉葡萄酒，并且要找产自斯泰伦博斯 (Stellenbosch) 地区的酒。

你需要了解的
29 种葡萄酒

世间的葡萄酒可不止 29 种。你只需看看另外一本论述葡萄酒的书，或者搜索"意大利的葡萄品种"就会明白，世界上有无数的葡萄品种、产地和酿酒风格。我们认为，如果你打算通过学习成为一名葡萄酒专家，那么你应该弄懂什么是格莱切多（Grechetto）。不过，你若只想知道自己除了黑皮诺还会爱上什么酒，那么你就大可放心，不用再为看到"格莱切多"一词而烦恼了。你完全不必关注那些并不常见的和极具地方特色的葡萄品种，至少现在不必。

　　你应当关注的其实是自己在生活当中必定会碰到的有关葡萄酒的实用知识。我们认为，本章所列的这 29 种葡萄酒就是你很可能是在日常生活中经常碰到的。不管是在酒单上、葡萄酒行里，还是在把客房改成葡萄酒酒窖的朋友家里，你都有可能看到它们。

　　之所以撰写这一章，就是为了让你可以反复查阅和参考。我们会向你指出每种葡萄酒的基本信息，以及关键特征（包括酒体、气味和口感 3 个方面）。我们还会提出你可能喜欢某种葡萄酒的几个原因，因为知道自己为何喜欢一款葡萄酒，对于你弄清自己可能还会喜欢其他哪些葡萄酒至关重要。我们也将在这方面助你一臂之力，为你提供一些额外的建议。其中，既有关于下述 29 种葡萄酒的建议，也有关于其他葡萄酒的建议。

　　然而，在开始逐一介绍之前，我们还须对"葡萄酒"一词在上下文的意思进一步加以界定。本章所列的并非 29 个葡萄品种，而是 29 种最终产品，也就是可以贴上酒标或者列入酒单的葡萄酒。例如，我们把"佳美"（一种葡萄）列在"博若莱"（法国地名，因为法国人喜欢以产地给葡萄酒命名）一条下面。其他一些葡萄酒，如意大利的巴贝拉，则是以葡萄品种命名。这些命名传统因国家而异，因此，在你为掌握所有知识而操心之前只要了解这 29 种葡萄酒就可以了。

阿尔巴利诺

·口感清爽，价格实惠。
·比长相思更令人觉得
刺激，同时也能满足人
们对口感爽脆、果味浓
郁的白葡萄酒的需求。

你可能也喜欢

·桑塞尔
·维蒙蒂诺

你可进一步探究

·埃特纳白葡萄酒
·绿维特利纳

阿尔巴利诺是西班牙最知名的白葡萄品种，生长于西班牙西北部、葡萄牙以北的加利西亚地区。阿尔巴利诺葡萄酒一向酒体轻盈、爽脆，带有橙子与鲜花的香味。由于酿酒所用的葡萄生长在离海不远的地方，这种葡萄酒尝起来稍微有点咸味。它是沿海地区的一款经典葡萄酒。这就意味着它总是适合搭配海鲜和／或午后的阳光。这款葡萄酒的价格通常不贵，物超所值。

你还会经常在酒标上看到"加利西亚下海湾"（Galicia Rías Baixas）的字样，说明那款葡萄酒就是阿尔巴利诺。这种葡萄酒还被称作"绿酒"（Vinho Verde），以该款葡萄在葡萄牙的产区命名。有的时候人们会用阿尔巴利诺和其他葡萄品种进行混酿，不过你不必计较这些细微差别。你只须确信产自这个地区的任何一种葡萄酒都是脆爽、咸鲜而带有花香的就可以了。

巴贝拉

**你喜欢这款
葡萄酒的原因**

· 这种葡萄酒风味简单、果香浓郁，喝起来润喉爽口。

· 酒精度低，午餐时喝上两杯感觉更好。

· 冷藏后味道更好。

你可能也喜欢

· 博若莱
· 罗讷河谷

你可进一步探究

· 多切托
· 门西亚

巴贝拉是意大利一个重要的红葡萄品种，生长在该国北部的皮埃蒙特地区。由这种葡萄酿制的葡萄酒，酒体适中，带有浆果和李子的气味，尝起来有点儿酸。这种葡萄酒绝对不应带有橡木味。假如你和朋友意见不一，不知道究竟要喝醇厚浓郁的红酒还是轻盈爽口的红酒，这款葡萄酒就是一个完美的选择，因为它的酒体确实介于两者之间。

巴贝拉是一款简单朴素的葡萄酒，最好是在休闲的场合饮用，如午餐时。究竟是什么让巴贝拉成了一款简单的葡萄酒呢？这种酒很容易酿制，至少与巴罗洛葡萄酒比起来是这样。许多酿制巴贝拉的生产商同时也会酿制巴罗洛。巴罗洛既是一种复杂得多的葡萄酒，也需要更长的酿制过程以及长时间的陈化。巴贝拉通常在葡萄采摘一年后上市，不用在橡木桶里陈化。这就意味着此酒不要多久就能供人饮用，因而价格也较便宜。

巴罗洛

巴罗洛葡萄酒以意大利皮埃蒙特的巴罗洛产区命名，而不是以酿制这种酒的葡萄内比奥罗命名。尽管色泽浅淡，巴罗洛葡萄酒属于酒体丰满型，酒精度也很高。这两个方面原本是色泽较深的葡萄酒（如西拉和赤霞珠）更加常见的特点。巴罗洛葡萄酒有一种独特的气味，年头短的可能是花香，年头长的更像是皮革。最好的巴罗洛尝起来会有玫瑰、甘草、蘑菇，甚至是松露的味道。总的来说，巴罗洛葡萄酒会比你在商店或餐厅的酒单上看到的其他意大利葡萄酒都贵，甚至比同样用内比奥罗葡萄酿制的其他葡萄酒更贵，因为它们享有盛誉、酿制过程漫长，这个产区的土地也很稀缺。有些人说，除非是 10~15 年的陈酿，否则你根本不应该费神品尝巴罗洛葡萄酒。我们认为，这样做有点儿奢侈，年头少的巴罗洛葡萄酒也自有其立足之地。尽管如此，你可能找不到不足 3 年就上架销售的巴罗洛葡萄酒。假如看到了 3 年以下的巴罗洛，那只能说明它们要么不是真正的巴罗洛，要么就是半夜偷偷从酒厂里"逃"出来的。

博若莱

你喜欢这款葡萄酒的原因

· 这款葡萄酒可以与任何食物搭配，甚至什么都不吃也没问题。
· 你很喜欢新奇的、与众不同的东西。
· 你喜欢饮用冷藏之后的红葡萄酒。

你可能也喜欢

· 巴贝拉
· 黑皮诺
· 勃艮第红葡萄酒

你可进一步探究

· 多切托
· 汝拉地区出产的特鲁索

博若莱是法国一个种植佳美葡萄的地区。博若莱葡萄酒酒体轻盈、酒精度低、爽脆可口。它们带有浓郁的花香、树莓味，以及像百里香、迷迭香之类烹饪用香草的味道。由于这一地区毗邻勃艮第，博若莱葡萄酒与勃艮第出产的黑皮诺具有一些相似的特点。由于在葡萄酒收藏界并不享有与勃艮第葡萄酒相同的盛名，因此这种葡萄酒价格较为便宜，也更容易买到。它几乎可以和任何一种食物搭配，也是一个不错的休闲品尝选择。

直到近来，博若莱才开始以出产优质葡萄酒而闻名。如今，你在酒行或餐厅的酒单上能够找到的性价比最高的葡萄酒中就有博若莱葡萄酒。你不妨找一找，看酒瓶上是否标注了墨贡（Morgon）、福乐里（Fleurie）或朱利耶纳（Juliénas）等地名，因为它们都是博若莱的优良产区。

波尔多

波尔多地区酿制葡萄酒的历史极其悠久，可以追溯到人们用刀剑和长矛相互打斗，争夺土地、权力，以及争论闪电是否为一位复仇之神所赐的时代。

由于毗邻海上贸易路线，波尔多是第一个真正享有盛誉的葡萄酒产区，至今仍然出产一些世界上最受欢迎的葡萄酒。如今，波尔多每年出产的葡萄酒超过 7 亿瓶。

波尔多盛产用赤霞珠、梅洛和品丽珠酿制而成的混酿红葡萄酒。不同的生产商会将这些葡萄按照不同的比例进行混酿，酿出来的酒可以陈化很长时间。波尔多葡萄酒往往属于酒体丰满型。这种葡萄酒带有葡萄干、胡椒和皮革的气味，口感饱满，有如巧克力，且常常带有橡木味（包括肉桂和香料的味道）。在陈化的过程中，它们的味道就会朝着带有泥土味和烟熏味的方向发展，新鲜出炉时的浓郁果味和巧克力味慢慢就没了。

---

① 龙舌兰酒的一种。——译者注

蒙塔奇诺布鲁奈罗

- 你喜欢吃意大利面。
- 你为自己的意大利血统感到自豪。
- 你喜欢这样的想法：把肉当成饮料一样喝下去。

你可能也喜欢

- 巴罗洛
- 基安蒂
- 里奥哈

你可进一步探究

- 邦多勒（Bandol）
- 蒙帕恰诺贵族酒（Vino Nobile di Montepulciano）

蒙塔奇诺布鲁奈罗是产自蒙塔奇诺镇的一款重要的葡萄酒。蒙塔奇诺在托斯卡纳的一座小山上，气候温暖、干燥。虽然布鲁奈罗传统上属于中等酒体，许多生产商也会将其酿制成一款更加饱满、醇厚的葡萄酒。酿制布鲁奈罗葡萄酒时唯一不变的规矩是必须百分之百地用托斯卡纳本地的红葡萄品种桑娇维塞酿制。经典的布鲁奈罗葡萄酒有一种泥土的气息，闻上去像是果脯和牛肉干，劲儿大而醇厚。不过，也有一些其他的布鲁奈罗，土味太重，而且很酸。可惜我们并没有什么可靠的方法来分辨它们属于哪一种，只能通过了解特定生产商的酿酒风格来大体判断。但不管怎样，布鲁奈罗无疑是最适合搭配意大利面的一款葡萄酒，意大利面又是最好的美食，这没什么好争的。

勃艮第红葡萄酒

你喜欢这款
葡萄酒的原因

· 你有点儿强迫症。或
许，你还收藏过邮票。
· 你气质优雅。你很讲
究。你还向别人借了点
儿钱。

你可能也喜欢

· 博若莱
· 埃特纳干红
· 其他地方出产的黑皮诺

你可进一步探究

· 汝拉地区出产的特鲁索

法国勃艮第是黑皮诺葡萄的故乡。通常来说，这个地区出产的所有红葡萄酒都是用黑皮诺葡萄酿成的，且一律被称为"勃艮第红葡萄酒"。勃艮第红葡萄酒是一款酒体轻盈、果香浓郁的葡萄酒。凡是用黑皮诺葡萄酿成的葡萄酒，无论是产自这里还是世界其他地方都是如此。这种葡萄酒带有鲜花、红莓和蘑菇的气味，口感则像酸樱桃，且有淡淡的泥土味和鲜味。这些细微之处正是勃艮第黑皮诺的特色，使得勃艮第红葡萄酒成为备受世人追捧的一款酒。事实上，全世界用这种葡萄酿制的品质最佳的葡萄酒都产自这个小小的地区。之所以如此，一是因为气候，二是因为土壤，三是因为这里有带有传奇性色彩且传承数代的酿酒家族。

勃艮第大区还有一些出产葡萄酒的次级区域或村镇，你可以在酒标上看到。其中，最受世人推崇（因而所产葡萄酒的价格也最贵）的就是香波-慕西尼、沃恩-罗曼尼、莫雷-圣丹尼和热夫雷-香贝丹。

勃艮第白葡萄酒

**你喜欢这款
葡萄酒的原因**

· 你喜欢丰富但不厚重
的东西。
· 你具有非凡的品味。

你可能也喜欢

· 夏布利
· 白诗南

你可进一步探究

· 不妨更深入地探究勃
艮第，详细了解你最喜
欢的村镇、生产商和葡
萄园。

勃艮第白葡萄酒算是霞多丽葡萄酒的另一种称呼。那么，我们为何没有把它归入霞多丽呢？原因就在于勃艮第白葡萄酒在本质上不同于其他霞多丽，就算是用同一个葡萄品种酿成的，它也是一种完全不同的葡萄酒。勃艮第所产的霞多丽，口感比美国加州霞多丽更加脆爽、丰富，还带有烤坚果与青苹果的味道，咸度和层次感都不错。它也没有加州霞多丽那种浓烈的橡木味，因为法国的大多数生产商都会使用旧橡木桶而不是新橡木桶。使用一段时间之后，橡木桶的味道就会变得不易察觉了。

与这里所产的红葡萄酒一样，勃艮第白葡萄酒往往价格昂贵，备受世人推崇。

你还会在酒标上看到，勃艮第白葡萄酒的最佳产区是默尔索、普里尼-蒙哈榭和夏山-蒙哈榭。

品丽珠

你喜欢这款
葡萄酒的原因

· 你很喜欢尝试新鲜事物。
· 你喜欢洋葱和番茄酱的味道。

你可能也喜欢

· 波尔多
· 基安蒂

你可进一步探究

· 产自智利的佳美娜
· 门西亚

品丽珠是世界上许多地区都种植的一个葡萄品种，原产于法国，卢瓦尔河谷地区的索缪尔（Saumur）和希农（Chinon）两地种得最多。"产自法国的纯正品丽珠"，酒标上都会这样注明。你在波尔多也会看到这种葡萄，它们被混酿成一些大名鼎鼎的葡萄酒。美国加州也有种植。

纯正的品丽珠酒是一种中等酒体的葡萄酒，但混酿之后就会变成一款大酒。它带有一种明显的青椒气味，口感酸涩，还有点儿古怪。人们对这个葡萄品种要么爱不释手，要么避而远之。要想知道自己属于哪一类，你不妨想一想几个问题：你爱不爱喝口感辛辣的玛格丽塔（Margarita）？你爱不爱喝泡菜汁？你爱不爱自己？如果爱的话，你为什么要去喝那些东西呢？试试纯正的品丽珠吧。

赤霞珠

**你喜欢这款
葡萄酒的原因**

· 你曾经去过纳帕谷，
并在一些酒庄买了太多
的葡萄酒。
· 你不会计较琐事。
· 你喜欢吃肉。

你可能也喜欢

· 波尔多
· 马尔贝克
· 西拉

你可进一步探究

· 杜埃罗河岸（Ribera
del Duero）
· 超级托斯卡纳

赤霞珠也偶尔被称作"解百纳"，是一个赫赫有名、到处都有的葡萄品种。它生长在世界各地，但法国波尔多、美国加州纳帕谷所产的赤霞珠却因葡萄酒而最知名，也最受那些开着玛莎拉蒂的家伙喜爱。这种葡萄酒酒香浓郁、酒体丰满、味道醇厚、酒精度高，经常适合搭配大块牛排。经典的加州赤霞珠带有巧克力、咖啡以及西梅和李子这类深色水果的风味。

赤霞珠常常是人们尝试的第一批葡萄酒之一。这类葡萄酒的口感都非常浓烈，因此会给人留下深刻的印象，让人很难再喝那些酒体较为轻盈、酒精度较低的葡萄酒。

赤霞珠也常常是人们开始收藏的第一批葡萄酒之一，因为世人都知道它值得收藏。假如你还没有收藏酒的习惯，若是有机会品尝一瓶产自20世纪八九十年代的老酒，那就赶紧抓住这个机会吧。一瓶几年前才酿制出来的赤霞珠与一瓶10年前酿制的赤霞珠相比，差别可不止一点点。随着时光流逝，万事万物都会老而弥醇。就连那个开着玛莎拉蒂的家伙也不例外。

夏布利

**你喜欢这款
葡萄酒的原因**

·你很爱吃牡蛎。
·你喜欢喝口感酸但果
香不浓的葡萄酒。

你可能也喜欢

·白诗南
·勃艮第白葡萄酒

你可进一步探究

·汝拉地区出产的霞多丽
·埃特纳白葡萄酒
·汝拉地区出产的萨瓦涅
·里贝罗出产的西班牙
白葡萄酒

夏布利是经常被归为勃艮第白葡萄酒的一种葡萄酒，因为两者都是用霞多丽葡萄酿制的，并且夏布利与勃艮第两个地区相邻。尽管有这些共同点，夏布利葡萄酒在口感上却与勃艮第葡萄酒差别很大，这是因为两地气候不同（夏布利更冷一些），土壤类型也不同。夏布利酒体轻盈，带有苹果与海水的气味，口感较酸，像柠檬。这种葡萄酒还带点儿咸味。人们通常将它与牡蛎搭配，原因就在于此。

虽说每年都会有大量的夏布利葡萄酒上市，但最好的夏布利酒的产量却很少，有时价格昂贵。与勃艮第的情况一样，夏布利也有"特级"和"一级"之分。

香槟

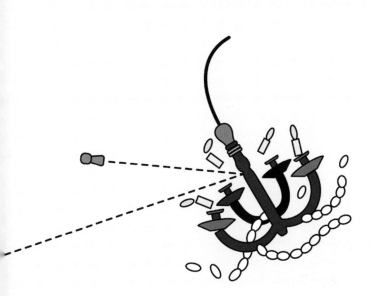

香槟地区种植的葡萄有霞多丽、黑皮诺和莫尼耶皮诺（Pinot Meunier）。是的，黑皮诺也可以用于酿制白葡萄酒。怎么回事呢？你不妨这样想：把一颗红葡萄剥掉皮之后，果肉是什么颜色？不是红色，是白色。红葡萄酒的颜色取决于果汁与果皮的接触时间，即浸渍时间的长短。用黑皮诺葡萄酿制香槟酒时，人们会迅速去除葡萄皮。这样，你就能最终制成一款用红葡萄酿制的起泡白葡萄酒了。

香槟酒可以用上述葡萄中的两种或全部混酿而成。你也会经常看到，有的香槟酒只是用其中的一种酿制而成。这一点从酒标上就可以看出来：只用霞多丽葡萄酿制的香槟被称为"白中白"（Blanc de Blancs）；只用黑皮诺葡萄酿制的香槟被称为"黑中白"（Blanc de Noirs）；只用莫尼耶皮诺酿制的香槟不是很常见，但也可被称为"黑中白"。因为它们都是用红葡萄酿制而成的白葡萄酒，所以这里所说的"黑"仅仅是指那些品种的葡萄皮呈深色。

香槟的酒体多种多样，从轻盈、爽脆到浓郁丰富、带有坚果味，不一而足。这主要取决于生产商。但若你想喝一款较为清新提神的葡萄酒，那就应当选择"白中白"。香槟酒通常都带有柠檬皮和新鲜出炉的面包气味，有时还带有榛子味。因所用葡萄品种和酿制工艺不同，香槟酒的口感也有可能大不一样：或是咸而酸，或是像蜂蜜和燕麦，或是介于二者之间。

香槟不仅仅用于庆祝毕业，也可用于欢度圣诞节[①]，陪你熬过漫漫长夜。它还是一款非常棒的酒，几乎可以搭配任何食物，可以在任何场合饮用。有时，你不妨试着一边吃炸鸡一边喝香槟。过了就寝时间最好。

如何用香槟刀开香槟

1. 不要这样做。

如何打开香槟酒

1. 找到瓶口箔纸上的快拉带，拉住突起，撕下箔纸，然后扔掉。

2. 将酒瓶倾斜约45°，对着远离你自己、朋友、家人、小狗和窗户的方向。

3. 拧开瓶口上的铁丝罩，然后取下来。

4. 手中拿着一张餐巾或者一块洗碗布，随后用拇指按住瓶口的软木塞。

5. 一点一点地轻轻拧软木塞，塞子会开始松动。

6. 在软木塞开始被顶出瓶口时，要控制好。

7. 不要像你支持的棒球队刚刚赢得冠军似的让香槟在房间里到处喷溅。

霞多丽

**你喜欢这款
葡萄酒的原因**

· 看电影时，你总是喜欢往爆米花上多喷一层黄油。
· 你喜欢浓郁醇厚的口味。

你可能也喜欢

· 勃艮第白葡萄酒

你可进一步探究

· 维欧尼（Viognier）

霞多丽是世界上最受人们喜爱的葡萄品种之一。你知道人们在摩尔多瓦（Moldova）也种植霞多丽吗？为什么要知道呢？不过，你应该清楚，世界上很多地方都种植霞多丽葡萄。

美国加州的霞多丽有着独一无二的特点。这种酒往往带有橡木味，因为人们会把葡萄酒放在橡木桶里陈化，以便让葡萄酒的口感变得更加丰富。结果，这种酒就带上了一股黄油香草味，很多人都非常喜欢。不过，也有人讨厌这种味道。

这种口感丰富、带有黄油味的霞多丽葡萄酒大部分产自纳帕谷。不过，加州的圣塔巴巴拉县和其他地区也种植霞多丽并用这种葡萄酿酒。假如你属于讨厌这种酒的人，圣塔巴巴拉县出产的一些葡萄酒较为低调、内敛，可以一试。也就是说，此地所产的葡萄酒的橡木味较淡。总之，这里的霞多丽酒是口感爽脆、黄油味也没那么重的葡萄酒。

世界其他地区（包括摩尔多瓦）出产的霞多丽的口感往往与加州霞多丽非常相似。原因在于橡木味和黄油味对人们很有吸引力。其他地区（勃艮第除外）的大多数葡萄酒生产商都在尽力模仿这种口感。

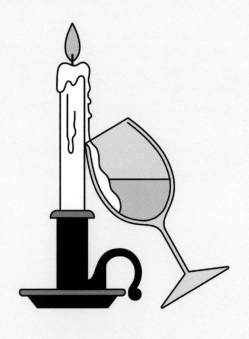

白诗南

**你喜欢这款
葡萄酒的原因**

· 你喜欢吃油腻的食物，
但不喜欢喝口感厚重的
葡萄酒。
· 你想让人们知道你"酷
爱葡萄酒"。

你可能也喜欢

· 夏布利
· 维蒙蒂诺
· 勃艮第白葡萄酒

你可进一步探究

· 埃特纳白葡萄酒
· 汝拉地区出产的萨瓦涅

白诗南是一个白葡萄品种，主要生长于法国的卢瓦尔河谷。用这种葡萄酿制出来的酒是一款中等酒体的葡萄酒，带有像苹果、蜂蜜、奶油蛋卷面包及蜡油之类的气味。这种葡萄酒口感层次丰富，还有点儿岩石味。我们之所以知道这一点是因为我们真的尝过岩石的味道［这还要感谢上二年级的查德（Chad）呢］。某些风格的白诗南带有一定的甜度，类似于雷司令。这样的葡萄酒会有"半甜型"（Demi-sec）或者"甜型"（Moelleux）的标注。

白诗南很适合搭配较为油腻的食物，如黄油、奶酪，以及任何涂有这些东西的食物，因为这种葡萄酒呈酸性，可以分解那些美味的食物。如果你讨厌产自加州的霞多丽，那你可能会喜欢这款葡萄酒，因为它并不甜腻，没有黄油味，而是酸爽、咸鲜。在这种葡萄的法国原产地，自然酒已经开始蓬勃发展，那里出产的葡萄酒当中有些可能带有种种令人惊讶的味道，看上去也有些浑浊。

经典基安蒂

你喜欢这款
葡萄酒的原因

· 你想让每个人都满意。
· 你对意大利面要求很高，对葡萄酒的要求甚至更高。

你可能也喜欢

· 蒙塔奇诺布鲁奈罗
· 埃特纳干红
· 内比奥罗

你可进一步探究

· 产自科西嘉（Corsica）的红葡萄酒
· 蒙帕恰诺贵族酒

意大利基安蒂地区主要种植桑娇维塞。然而，与蒙塔奇诺不同的是这里的生产商可能会灵活地选用数种葡萄以混合酿制成葡萄酒。无论是否混酿，基安蒂始终都应是一款中等酒体、味道可口的葡萄酒，带有香草与皮革的气味，口感则像番茄和树莓干，并且几乎可以跟任何食物搭配。

你或许对基安蒂葡萄酒很熟悉，因为达到法定的饮酒年龄后，你会在一家普通的意大利餐厅里喝到这种酒。不过，经典基安蒂是基安蒂中最好的一款，品质远高于那些用大酒壶装着放在红色方格桌布上的葡萄酒。你可以找一些真正代表这款葡萄酒的优质种类，它们的价格也很合理。你还可以关注一下"经典基安蒂珍藏"（Chianti Classico Riserva）。凡是酒标上带有这个字样的葡萄酒，酒体都丰满浓郁，可能还带有浓烈的橡木味。

罗讷河谷

- 你喜欢带有水果味但又不太浓重的东西。
- 你喜欢有点辣但又不太辣的东西。
- 你喜欢有点厚重但又不过于厚重的东西。
- 你在餐馆里吃饭时总是会点鸡肉。

你可能也喜欢

- 巴贝拉
- 西拉

你可进一步探究

- 教皇新堡葡萄酒（Châteauneuf-du-Pape）
- 普里奥拉托

"罗讷河谷"是一种产自法国罗讷河谷的葡萄酒。它可以指罗讷河地区任何一地出产的葡萄酒，而不仅仅是教皇新堡或者埃米塔日（Hermitage）等特定地区出产的葡萄酒。它们虽说都位于罗讷河产区之内，所产的葡萄酒却各具特色。"罗讷河谷"通常指由这个产区里的生产商酿制的价格最便宜、风味最简单而适合人们日常饮用的葡萄酒。

"罗讷河谷"向来都用数种葡萄混酿而成，以歌海娜葡萄为主，通常搭配一些西拉葡萄。人们也有可能用这一地区的其他 19 种葡萄任意组合进行混酿。也就是说，这里一共有 21 个葡萄品种。不过，尽管有各种葡萄组合，"罗讷河谷"向来是酒单上最放心的一种选择。为什么呢？因为它是一种典型的各个方面都是"中等"的葡萄酒。这种酒带有烹饪用香料和香草的气味，口感则像新鲜的浆果与李子。它没有浓郁厚重的橡木味，不会给任何人带来不愉快的口感。它完全是葡萄酒的口感。

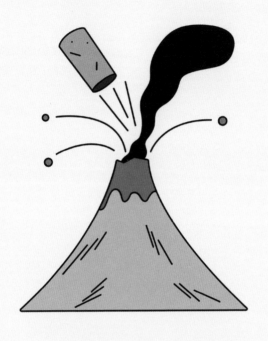

埃特纳干红

**你喜欢这款
葡萄酒的原因**

· 你喜欢色泽浅淡、口感丰富的红葡萄酒。
· 你属于总是引领潮流的那种人。

你可能也喜欢

· 巴罗洛
· 基安蒂
· 勃艮第红葡萄酒

你可进一步探究

· 产自科西嘉的红葡萄酒

除了将庞贝古城（Pompeii）埋起来的大名鼎鼎的维苏威火山（Mount Vesuvius），意大利还有一座熔岩火山——埃特纳火山。它是西西里岛上的一座活火山，上面到处都是葡萄园。由于火山土壤和凉爽的山区气候，这里出产具有独特品质的葡萄酒。埃特纳干红葡萄酒色泽浅淡，酒体轻盈。由于土壤之下就是岩浆，这里的葡萄酒既带有花香，也带有一种明显的烟熏味。不过，它们尝起来却像草莓。

自 21 世纪初以来，用奈莱洛葡萄（Nerello）酿制的埃特纳干红葡萄酒追求更高的品质。

埃特纳地区还出产一些白葡萄酒。它们统称"埃特纳白葡萄酒"，其中最常见的是用一种叫卡利坎特（Carricante）的葡萄酿制出来的，也可以用其他品种的葡萄酿制。埃特纳白葡萄酒的咸味、烟熏味、蜂蜜味和酸味都很浓。这种葡萄酒有可能很难找到，但它们绝对值得你花时间找。

歌海娜

- 你喜欢顺滑的东西，包括桑塔纳和罗伯·托马斯 ① 合唱的那首歌。
- 你喜欢喝性烈、味甜的东西。

你可能也喜欢

- 巴贝拉
- 罗讷河谷
- 埃特纳干红

你可进一步探究

- 邦多勒，如果你喜欢喝酒体浓郁的大酒。
- 汝拉，如果你喜欢喝酒体轻盈的葡萄酒。

---

① 罗伯·托马斯（Rob Thomas，1972— ），美国著名歌手，"Matchbox 20 合唱团"的创作人兼主唱，曾数次荣获格莱美奖、BMI 金奖等大奖。1999 年，他与桑塔纳（Carlos Santana，1947— ）合写合唱的单曲《光滑》（Smooth）大获成功，捧得 3 项格莱美奖。——译者注

歌海娜是一种主要种植在澳大利亚、西班牙和法国的葡萄，用它酿制的葡萄酒因地而异。这是一种极其娇弱的葡萄，因而非常容易受气候、土壤、酿制工艺等的影响。与凉爽环境下种植的歌海娜相比，用天气炎热地区种植的同品种葡萄酿成的葡萄酒酒体更加醇厚，果味更加浓郁。因此，澳大利亚所产的歌海娜葡萄酒往往酒体轻盈、果味十足。西班牙用同一种葡萄酿制通常标为"加尔纳恰"（Garnacha）或者"普里奥拉托"的葡萄酒，其酒体醇厚，口感浓烈。法国歌海娜通常用于混酿，制成像"罗讷河谷""教皇新堡"之类的葡萄酒，或者南部的一些廉价葡萄酒。品质最佳的歌海娜葡萄酒，酒体适中，带有淡淡的浆果味与花香，但也有胡椒味和烟熏味。

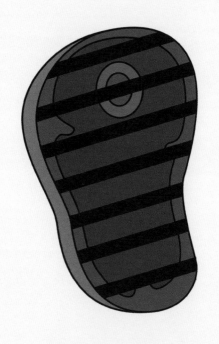

马尔贝克

你喜欢这款葡萄酒的原因

· 你喜欢喝大酒，但又不想花大价钱。
· 你在阿根廷留过学。

你可能也喜欢

· 赤霞珠
· 西拉子

你可进一步探究

· 产自智利的佳美娜

马尔贝克是一款酒体丰满却又简单朴实的葡萄酒，产自阿根廷。这种酒在气味和口感上都像甜李，同时也带有香草和焦糖味，后面两种味道是由于放在橡木桶里陈化所致。马尔贝克葡萄酒的色泽极深，看起来像墨水一样呈紫色或黑色。如果喝得太多，你的牙齿也会变色呢。

马尔贝克葡萄原产于法国，但在法国却没有发挥什么作用。阿根廷所产的马尔贝克葡萄酒之所以在商业上获得成功，在很大程度上要归功于美国的牛排餐厅。多年以来，美国的牛排餐厅都把这款葡萄酒摆在前台和中心位置，因为顾客都很喜欢喝，而且价格适中。由于美阿两国在经济上还有差距，阿根廷马尔贝克葡萄酒的价格依然低于美国葡萄酒。倘若你打算吃一大块牛排，却又不想花一大笔钱买酒，那么，马尔贝克葡萄酒就是一个不错的选择。

梅洛

你喜欢这款
葡萄酒的原因

· 你从来没看过电影《杯酒人生》①。

· 你喜欢让生活中的一切都尽在掌握。

· 别人给你送了一瓶做礼物。

你可能也喜欢

· 波尔多
· 赤霞珠
· 马尔贝克

你可进一步探究

· 法国南部出产的廉价葡萄酒
· 超级托斯卡纳

梅洛是葡萄栽培史上最受诟病的一个品种。之所以如此，完全是因为电影《杯酒人生》。这部电影凭一己之力就让那些决定葡萄品种优劣的人把梅洛葡萄踢出备受推崇的葡萄品种之列。总有一天，人们会撰写一部部的著作来论述梅洛葡萄酒究竟该不该有如今这种"酒中贱民"的地位。从宏观来看，梅洛起码也算得上一个重要的葡萄品种。

梅洛葡萄酒酒体醇厚奔放，且呈深色。它的口感和气味与巧克力、李子及陈化这种酒所用的橡木桶气味相差无几。正因为如此，梅洛才经常被混酿成其他葡萄酒（如赤霞珠），目的就是中和另一种葡萄的浓郁风味，并赋予葡萄酒更多饱满柔滑的特性。这是一种常见的波尔多葡萄酒酿制策略。美国的加州与华盛顿州也出产梅洛葡萄酒，而且就以梅洛的名义出售。

---

① 《杯酒人生》（*Sideways*）是 2004 年上映的一部美国爱情喜剧片，由亚历山大·佩恩（Alexander Payne）编导，讲述了两个中年人到葡萄酒基地旅行，本想借酒消愁，却意外经历了新的人生故事。——译者注

蒙帕恰诺

蒙帕恰诺堪称葡萄酒中的新泽西（New Jersey）——只有其中一小部分是好酒。它原产于意大利南部，是意大利常见的葡萄品种，仅次于桑娇维塞。这意味着你能经常看到它。蒙帕恰诺葡萄酒色泽很深，酒体丰满。这种葡萄酒带有皮革和干果的气味，还有点儿怪味，口感则像苦巧克力和李子。

蒙帕恰诺葡萄经常被用作混酿葡萄，以酿制极其廉价的葡萄酒。添加这种葡萄通常是为了改善酒体和味道。阿布鲁佐（Abruzzo）是意大利唯一能恰当呈现这种葡萄特色的产区。蒙帕恰诺-阿布鲁佐（Montepulciano d'Abruzzo，凡在高中学过德语的人都知道它是指阿布鲁佐出产的蒙帕恰诺）虽然可能已经享有盛誉，但在大多数情况下它仅仅是你想喝酒体丰满、带有泥土味的葡萄酒时的一种物有所值的选择。

蒙帕恰诺葡萄酒不贵。假如你想喝大酒，并且身处一家只供应意大利葡萄酒的餐厅里，蒙帕恰诺是个不错的选择。

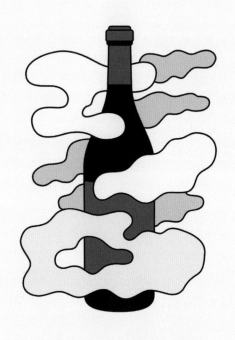

内比奥罗

你喜欢这款
葡萄酒的原因

· 你经常发现自己在午餐时想喝点儿轻盈爽口的东西。

· 你想在不用花很多钱的情况下尝试某种美味。

你可能也喜欢

· 巴罗洛

· 埃特纳干红

· 勃艮第红葡萄酒

你可进一步探究

· 多切托

· 弗雷伊萨

· 科西嘉出产的红葡萄酒

"内比亚"（Nebbia）在意大利语中的意思是"雾"。了解这一点之所以很重要，唯一的原因就是意大利人很喜欢谈论这个。"内比奥罗"（在意大利语中指"雾中的"）是意大利北部的一个葡萄品种，其中最著名的产区是巴罗洛。巴罗洛出产该国最有魅力和价格最贵的一些葡萄酒（见前文"巴罗洛"一条）。倘若你在酒标上只看到"内比奥罗"这个词，你会发现这款酒的确与众不同。内比奥罗-阿尔巴（Nebbiolo d'Alba）和朗格-内比奥罗（Langhe Nebbiolo）是两款较为实惠的葡萄酒，口感清爽，也没那么复杂。它们酒体轻盈，带有鲜花与树莓的香味，口感则像酸樱桃和蘑菇。这些葡萄酒通常不需要陈化，越早喝越好。

还有一条专业的小提示：巴罗洛地区的某些生产商也会酿制简单的内比奥罗葡萄酒，在花大价钱购买高端巴罗洛葡萄酒之前，它们也值得你品尝一下。

灰皮诺

灰皮诺是我们原本不想专门介绍的一个葡萄品种。我们还是说说吧。这倒不是说我们觉得你应当了解、饮用它，或者谈论它，而是因为它太常见了。这种葡萄酒的口感像蜂蜜和梨，甚至能喝出忧伤的味道。它价格最便宜，喝起来也比水更容易入口，因此成了杂货店的招牌。灰皮诺葡萄酒通常由大型的合作社和酒厂批量生产。为了降低价格，合作社与酒厂使用的酿制技术和葡萄种植方法非常简单，目的就是简化生产过程。简而言之，"高品质灰皮诺"是一个自相矛盾的标签。

灰皮诺葡萄酒的优点是价格实惠，你可以敞开喝，仅此而已。它的缺点就是它属于劣质葡萄酒，仅此而已。

加利福尼亚

黑皮诺

勃艮第

**你喜欢这款
葡萄酒的原因**

· 它魅力非凡、质量可靠，
喝起来放松。像一条金
毛猎犬。
· 你和大家一样（大家
都喜欢喝黑皮诺）。
· 你喜欢有点儿甜的
东西。

你可能也喜欢

· 博若莱
· 勃艮第红葡萄酒

你可进一步探究

· 不妨深入勃艮第探究
拥有同一生产商的不同
村镇，了解葡萄酒口感
的细微差别。

黑皮诺是世界各地都生产的一款轻盈型红葡萄酒。黑皮诺葡萄原产于法国勃艮第地区，但与该国大多数优质的葡萄品种一样，会被出国的法国人放在行李箱里，以确保在异国他乡也能喝上家乡风味的葡萄酒。现在著名的黑皮诺产地包括美国的加州和俄勒冈州、澳大利亚、意大利、阿根廷和德国等地。

大多数黑皮诺葡萄酒酒体轻盈，带有糖果与泥土的气息，口感则像草莓果酱和香料。通常来说，在"新世界"产区，黑皮诺葡萄酒会被装在新橡木桶里陈化，因此它可能也会带有香草和焦糖的味道。虽说所用葡萄品种与其他地方相同，但在勃艮第酿制出来的黑皮诺葡萄酒口感中的泥土味更浓，也更加细腻。我们之所以把"勃艮第"单列一条（参见第67页），将其与世界其他地区出产的黑皮诺分开，原因就在于此。当然，我们并不是说这些国家所产的黑皮诺葡萄酒没有特色。相反，与其他国家和地区酿制的黑皮诺相比，美国加州和德国所产的黑皮诺口感更加丰富浓郁，酒体也更加丰满。新西兰、阿根廷和美国俄勒冈州所产的黑皮诺容易让人想到法国黑皮诺的特色，即泥土味和花香，但果味却比勃艮第黑皮诺更加浓郁。

黑皮诺葡萄酒很有意思，因为它

通常既是那些对葡萄酒产生热情的人开始探究之旅的起点，也是这段旅程的终点。最先吸引人们关注的一些葡萄酒往往是美国加州和俄勒冈州等地所产的黑皮诺。经费多得用不完的葡萄酒专家则对勃艮第黑皮诺感兴趣。介于两者之间的所有品种就成了其中乐趣的组成部分，你不但可以找到世界各地物超所值的优质黑皮诺，而且在你不知道喝什么的任何场合下选择黑皮诺一定没错。

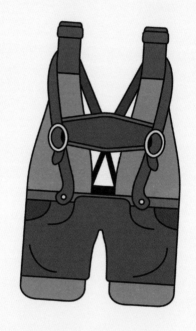

雷司令

你可能听说过雷司令。你可能不喜欢这种葡萄酒。你还可能认识一个人，他说你不"懂"雷司令，而他之所以"懂"雷司令也仅仅因为他们看过系列纪录片《侍酒师》（Somm）。

当然，这并不是说我们不喜欢雷司令。这种酒味美可口，完全适合某些特定场合。例如，你在吃辛辣食物或者想喝上一天，你就需要一款酒精度较低的葡萄酒。

雷司令是一种主要在德国和奥地利种植的葡萄品种，其他国家和地区也有，其中最知名的就是澳大利亚和美国的纽约州。有人说澳大利亚出产的雷司令带有一股网球味。的确是这样。其他地区的雷司令带有白桃味和香水味，口感像是酸橙和蜂蜜。蜂蜜味是否浓郁取决于酒的甜度。不同雷司令葡萄酒的甜度差异也很大。

那么，你怎样才能知道雷司令的甜度呢？若是德国出产的雷司令，你应当细看酒标，看看标注的是说明葡萄酒甜度的 4 个关键词中的哪一个。这 4 个关键词从最干到最甜依次是干型（Trocken）、半甜型（Kabinett）、清甜型（Spätlese），以及甜型（Auslese）。

里奥哈

你喜欢这款
葡萄酒的原因

·你会被一家旧书店的
气味吸引。
·你是一位精明的买家，
发现了一瓶价格不贵的
陈年葡萄酒。

你可能也喜欢

·波尔多
·基安蒂

你可进一步探究

·阿玛罗尼
·邦多勒

里奥哈是西班牙一个著名的葡萄酒产区。这里出产的红葡萄酒大多是用一种叫"丹魄"的葡萄酿制的，并且几乎一向色泽浅淡、味道浓郁。里奥哈葡萄酒往往酒体丰满，带有烟草与甜樱桃的气味，口感则因装在橡木桶里陈化而带有泥土味和辛辣味。你不妨想象一边抽雪茄一边吃樱桃派时的感受。我们完全可以肯定地说，英国前首相温斯顿·丘吉尔（Winston Churchill）经常这样做。

里奥哈也盛产价格适中、有些年份的葡萄酒。里奥哈的生产商通常都会把葡萄酒存放数年后才出售。这些葡萄酒标注上"特级珍藏"（Gran Reserva）或者"珍藏"（Reserva）的字样。这是西班牙的法定说法，说明了一款葡萄酒在上市之前的陈化时间。"特级珍藏"为 5 年，而"珍藏"则是 3 年。

长相思

你喜欢这款葡萄酒的原因

- 它尝起来像鸡尾酒。
- 你很喜欢果味浓郁、口感爽脆的饮料。
- 价格便宜。

你可能也喜欢

- 阿尔巴利诺
- 维蒙蒂诺

你可进一步探究

- 埃特纳白葡萄酒
- 绿维特利纳

长相思属于世界上最常见的葡萄品种之一。虽说长相思葡萄酒的重要生产商都在法国、意大利和新西兰，但你也会看到来自智利、南非、美国、澳大利亚等地的长相思。总体而言，这是一款酒体轻盈、口感带有西柚和香草味道的葡萄酒。在你感到燥热难耐（如在夏日的海滩上）时来杯冰凉的长相思，那真是爽极了。

法国长相思有好几个别名，如"桑塞尔"或者"普伊芙美"（它们都是卢瓦尔河谷地区种植长相思葡萄的地方）。这些葡萄酒的味道更像香草与柠檬，比其他葡萄酒略酸、略淡。

新西兰的大部分长相思都产自马尔堡地区，这一点你可以在酒标上看到。如果不是过于辛辣，它尝起来就像墨西哥青椒。虽说味道浓郁，但它们仍属于酒体轻盈、口感爽脆的葡萄酒。

美国加州出产的长相思葡萄酒通常会在橡木桶里陈化，与世界上其他地区所产的长相思相比，口感也更加丰富、浓郁。

西拉

你喜欢这款
葡萄酒的原因

· 它带有熏肉味。
· 你喜欢大酒，还想拓
  宽眼界。

你可能也喜欢

· 波尔多
· 罗讷河谷
· 歌海娜

你可进一步探究

· 产自西班牙的门西亚

西拉葡萄酒的口味因葡萄产地不同而有很大的差别。法国罗讷河地区出产的西拉葡萄酒虽说往往属于大酒，带有泥土味、胡椒味和烟熏味，但依然清爽提神。澳大利亚出产的西拉葡萄酒被叫作"西拉子"，是世界上酒精度最高的葡萄酒之一，而且稍微带点儿薄荷巧克力碎冰激凌的味道。美国华盛顿州和加州所产的西拉葡萄酒往往介于上述两者之间。弄清你喜欢哪种西拉葡萄酒的最佳方法是什么？当然是尝一尝了。

埃米塔日是法国一个面积很小的丘陵地区，这里不仅是西拉葡萄的原产地，也是世界上最重要的葡萄酒产地之一。埃米塔日出产的葡萄酒价格昂贵。法国其他值得关注的西拉葡萄酒产区有圣约瑟夫（Saint-Joseph）、克罗兹–埃米塔日（Crozes-Hermitage）和科纳斯（Cornas）。这些地方出产的西拉葡萄酒价格实惠，物超所值。

维蒙蒂诺

- 这是你度蜜月时喝的酒。
- 价格便宜，并且让你一喝就上瘾。
- 你喜欢一边吃寿司一边饮酒。

你可能也喜欢

- 阿尔巴利诺
- 夏布利

你可进一步探究

- 埃特纳白葡萄酒
- 菲亚诺（Fiano）

维蒙蒂诺是一种几乎只生长在意大利的地中海沿岸及撒丁岛上的葡萄。用这种葡萄酿制的白葡萄酒酒体轻盈、口感爽脆、味道咸鲜且价格实惠。你在一生中的某个时候很可能在意大利餐厅里喝过这种酒，即使你当时并不知道。这种酒味道简单，有桃子、柠檬和海水味。假如你生活悠闲平静，经常去意大利沿海地区度假，或者至少躺在游泳池边小憩，维蒙蒂诺就是你的最佳选择。在任何场合下，维蒙蒂诺都是一种不错的选择，完全可以取代灰皮诺。

我们最喜欢的生产商

　　既然你已掌握了一些实用知识，现在你能够为自己做的最有益的事情之一就是让自己熟悉一些优秀的葡萄酒生产商的名字了。当你浏览酒单，看到几瓶产自同一地区、价格相近的葡萄酒时，一个熟悉的生产商就有可能成为你做出最终决定的依据。下面就是一些最佳生产商。你或许会注意到，一些赫赫有名的生产商并没有列出来。如果是这样，那是因为我们认为该生产商酿制的葡萄酒的品质配不上它享有的声誉。

法国

香槟

阿格帕特（Agrapart）

塞德里克·博尚（Cedric Bouchard）

夏尔多涅-泰耶（Chartogne-Taillet）

东-格列（Dhondt-Grellet）

唐·培里侬（Dom Pérignon）

伊曼纽尔·布罗谢（Emmanuel Brochet）

库克（Krug）

贝勒斯酒庄（Maison Bérêche）

玛丽·库丹（Marie Courtin）

皮埃尔·皮特（Pierre Péters）

罗伯特·梦苏特（Robert Moncuit）

萨瓦（Savart）

雅克·瑟洛斯（Selosse）

塔兰（Tarlant）

夏布利

哈维诺酒庄（Domaine Raveneau）

罗兰·拉万图鲁酒庄（Domaine Roland Lavantureux）

萨瓦利酒庄（Domaine Savary）

沃科赫夫妇（Eleni et Edouard Vocoret）

莫罗-诺德（Moreau-Naudet）

文森特·杜维萨（Vincent Dauvissat）

文森特·莫特（Vincent Mothe）

勃艮第白葡萄酒

科林·莫雷（Colin Morey）

芭比莉酒庄（Domaine Bachelet-Monnot）

莫罗父子酒庄（Domaine Bernard Moreau）

桑特内酒庄（Domaine Chanterêves）

科什杜瑞酒庄（Domaine Coche Dury）

拉芳酒庄（Domaine des Comtes Lafon）

克鲁瓦酒庄（Domaine des Croix）

基诺-勃朗格酒庄（Domaine Genot-Boulanger）

勒弗莱酒庄（Domaine Leflaive）

芙萝酒庄（Domaine Roulot）

保罗·皮约（Paul Pillot）

皮埃尔·莫雷（Pierre Morey）

皮埃尔·伊芙杜雷（Pierre Yvesche Dury）

卢瓦尔河谷

博讷佐城堡（Château de Bonnezeaux）

布雷泽城堡（Château de Brézé）

伊芳城堡（Château Yvonne）

安德蕾酒庄（Domaine Andrée）

柏丽-里维尔德酒庄（Domaine Bailly-Reverd）

宝地酒庄（Domaine Bernard

Baudry）

科列尔酒庄（Domaine du Collier）

吉伯特酒庄（Domaine
Guiberteau）

凡卓岸酒庄（Domaine Vacheron）

弗朗索瓦·科塔酒庄（François
Cotat）

予厄酒庄（Huet）

欧嘉拉福酒庄（Olga Raffault）

佩皮耶酒庄（Pepiere）

理查·罗伊酒庄（Richard Leroy）

托马斯-拉贝耶酒庄（Thomas-
Labaille）

勃艮第红葡萄酒

德蒙蒂酒庄（Domaine de
Montille）

迪迪耶·弗诺酒庄（Domaine
Didier Fornerol）

里贝伯爵酒庄（Domaine du
Comte Liger Belair）

杜雅克酒庄（Domaine Dujac）

亨利高酒庄（Domaine Henri
Gouges）

木尼艾酒庄（Domaine Jacques
Frédéric Mugnier）

安杰维勒侯爵酒庄（Domaine
Marquis d'Angerville）

拉法热庄园酒庄（Domaine
Michel Lafarge）

慕吉酒庄（Domaine Mugneret
Gibourg）

奇维龙酒庄（Domaine Robert

Chevillon）

卢米酒庄（Domaine Roumier）

西蒙·比兹父子酒庄（Domaine
Simon Bize）

约瑟夫·杜鲁安酒庄（Joseph
Drouhin）

博若莱

拉罗列特酒庄（Clos de la
Roillette）

小教堂酒庄（Domaine Chapel）

让·福拉德酒庄（Jean Foillard）

让-路易·杜特拉夫酒庄（Jean-
Louis Dutraive）

朱利安·苏尼尔酒庄（Julien
Sunier）

马赛尔·拉皮尔酒庄（Marcel
Lapierre）

伊芙·梅特拉酒庄（Yves Metras）

汝拉

阿德琳·豪伦与雷诺·布鲁耶
尔酒庄（Adeline Houillon &
Renaud Bruyère）

鹈鹕酒庄（Domaine du Pélican）

红靴酒庄（Domaine les Bottes
Rouges）

蒂索酒庄（Domaine Tissot）

北罗讷河谷

阿兰·格拉诺酒庄（Alain
Graillot）

奥古斯都·克拉帕酒庄（Auguste

Clape）

伯纳德·福耶酒庄（Bernard Faurie）

克鲁-洛奇酒庄（Clusel-Roch）

福里酒庄（Domaine Faury）

让-巴蒂斯特·苏伊拉德酒庄（Jean-Baptiste Souillard）

让·格农酒庄（Jean Gonon）

让-路易·沙夫酒庄（Jean-Louis Chave）

让-米歇尔·斯蒂芬酒庄（Jean-Michel Stephan）

文森特·帕里斯酒庄（Vincent Paris）

南罗讷河谷与法国南部

博卡斯特古堡酒庄（Château de Beaucastel）

图尔斯古堡酒庄（Château des Tours）

哈雅丝古堡酒庄（Château Rayas）

布伦-阿芙里酒庄（Domaine Brun-Avril）

沙尔万酒庄（Domaine Charvin）

丹派酒庄（Domaine Tempier）

埃里克·特西尔酒庄（Eric Texier）

亨利·博诺酒庄（Henri Bonneau）

波尔多

奥松堡酒庄（Château Ausone）

宝莱酒庄（Château Bourgneuf）

拉图堡酒庄（Château Latour）

马塞罗堡酒庄（Château Massereau）

玫瑰山庄酒庄（Château Montrose）

德嘉鲁榭酒庄（Domaine de Galouchey）

拉古斯酒庄（Grand-Puy-Lacoste）

克莱蒙教皇酒庄（Pape Clément）

老色丹酒庄（Vieux Château Certan）

意大利

托斯卡纳

卡斯特林庭院酒庄（Castell'in Villa）

迪雅曼酒庄（Castello di Ama）

谢百欧纳酒庄（Cerbaiona）

萨蒙塔纳农场酒庄（Fattoria di Sammontana）

费尔西纳酒庄（Fèlsina）

曼法拉第天堂酒庄（Il Paradiso di Manfredi）

波吉欧酒庄（Il Poggione）

奥莱娜小岛酒庄（Isole e Olena）

蒙特拉波尼酒庄（Monteraponi）

蒙特维亭酒庄（Montevertine）

帕德雷帝酒庄（Padelletti）

赛维奥尼酒庄（Salvioni）

西施佳雅（Sassicaia）

塞斯蒂酒庄（Sesti）

卡帕多之星酒庄（Stella di Campalto）

皮埃蒙特

巴托洛·马沙雷洛酒庄（Bartolo Mascarello）
博尼佩尔蒂酒庄（Boniperti）
布罗维亚酒庄（Brovia）
皮诺酒庄（Cantina del Pino）
清泉酒庄（Cascina Fontana）
科隆贝拉与加雷拉酒庄（Colombera & Garella）
布洛托酒庄（G. B. Burlotto）
暮光酒庄（G. D. Vajra）
贾科莫·孔特诺酒庄（Giacomo Conterno）
乔万尼·卡农尼卡酒庄（Giovanni Canonica）
朱塞佩·里纳尔迪酒庄（Giuseppe Rinaldi）
皮亚内勒酒庄（Le Pianelle）
皮欧布索酒庄（Piero Busso）
科莱酒庄（Poderi Colla）
拉格纳酒庄（Roagna）
维埃蒂酒庄（Vietti）

西西里

本南迪酒庄（Benanti）
德·巴托利酒庄（De Bartoli）
吉罗拉索酒庄（Girolamo Russo）
库斯托蒂酒庄（I Custodi）

维涅里酒庄（I Vigneri）
奥奇宾蒂酒庄（Occhipinti）

意大利其他地区的白葡萄酒生产商

迪哥利奥酒庄（Borgo del Tiglio）
布鲁纳酒庄（Bruna）
切罗·皮卡里耶洛酒庄（Ciro Picariello）
圭多·马尔塞利亚酒庄（Guido Marsella）
伊托尔奇酒庄（Il Torchio）
米提加·塞尔克酒庄（Mitja Sirk）
蓬塔·克里纳酒庄（Punta Crena）
隆科·德尔·内米兹酒庄（Ronco del Gnemiz）
斯卡尔佩塔酒庄（Scarpetta）
威尼卡酒庄（Venica & Venica）
沃尔特·马萨酒庄（Walter Massa）

意大利其他地区的红葡萄酒生产商

阿尔佩普酒庄（Ar.Pe.Pe.）
德费尔莫酒庄（De Fermo）
艾米迪·佩普酒庄（Emidio Pepe）
墨水酒庄（Ognostro）
保罗·贝亚酒庄（Paolo Bea）
其乐山丘酒庄（Ronchi di Cialla）
瓦伦蒂尼酒庄（Valentini）

美国

加利福尼亚

阿诺特-罗伯茨酒庄（Arnot-Roberts）

基岩酒庄（Bedrock Winery）

瑟瑞塔斯酒庄（Ceritas）

科里森酒庄（Corison）

金丘酒庄（Domaine de la Côte）

法伊拉酒庄（Failla）

赫兹酒庄（Heitz）

赫西酒庄（Hirsch）

略地酒庄（Lieu Dit）

马提亚森酒庄（Matthiasson）

梅亚卡马斯酒庄（Mayacamas）

帕克斯酒庄（Pax）

皮埃德拉·萨西酒庄（Piedra Sassi）

山脊酒庄（Ridge）

莱姆窖藏酒庄（Ryme Cellars）

斯克里布酒庄（Scribe）

史诺登酒庄（Snowden）

泰勒酒庄（Tyler）

温兹劳酒庄（Wenzlau Vineyards）

仙境计划酒庄（Wonderland Project）

西北地区

安蒂卡特拉酒庄（Antica Terra）

博纳诺特酒庄（Buona Notte）

夜地酒庄（Evening Land）

希优酒庄（Hiyu）

林古阿·弗朗卡酒庄（Lingua Franca）

沃尔特·斯科特酒庄（Walter Scott）

纽约州

钱宁女儿酒庄（Channing Daughters）

帝国庄园酒庄（Empire Estate）

玛卡利酒庄（Macari）

西班牙

加利西亚

阿奎伊拉酒庄（Algueira）

路易斯·罗德里格斯酒庄（Luis Rodriguez）

劳尔·佩雷斯酒庄（Raúl Pérez）

西利斯·廷多酒庄（Silice Tinto）

里奥哈

阿库坦酒庄（Akutain）

橡树河畔酒庄（La Rioja Alta）

洛佩兹·德埃雷蒂亚酒庄（López de Heredia）

奥利维尔·里维埃酒庄（Olivier Rivière）

普里奥拉托

G 司令酒庄（Comando G）

宁-欧提斯酒庄（Nin-Ortiz）

极限风土酒庄（Terroir Al Limit）

德国和奥地利

阿琴酒庄（Alzinger）

克莱门斯·布希酒庄（Clemens Busch）

杜荷夫酒庄（Dönnhoff）

冈瑟·斯泰因梅茨酒庄（Günther Steinmetz）

约瑟夫·莱茨酒庄（Josef Leitz）

凯勒酒庄（Keller）

莫瑞科酒庄（Moric）

索姆与克雷彻酒庄（Sohm and Kracher）

斯坦恩酒庄（Stein）

阿根廷和智利

夏克拉酒庄（Chacra）

门德尔酒庄（Mendel）

佩德罗·帕拉酒庄（Pedro Parra）

蒂卡尔酒庄（Tikal）

佐扎尔酒庄（Zorzal）

澳大利亚

消遣之道酒庄（An Approach to Relaxation）

宾迪酒庄（Bindi）

百发酒庄（by Farr）

克劳那奇拉酒庄（Clonakilla）

詹姆希德酒庄（Jamsheed）

奥赫德橡木酒庄（Ochota Barrels）

新西兰

布恩酒庄（Burn Cottage）

席尔森酒庄（Seresin）

南非

莫门托酒庄（Momento）

马利诺酒庄（Mullineux）

桃红葡萄酒

阿梅佐伊·特克萨科利纳酒庄（Ametzoi Txakolina）

比耶勒尔父子酒庄（Bieler Pere et Fils）

丹派酒庄（Domaine Tempier）

恬宁酒庄（Domaine Triennes）

伊奥帕酒庄（Ioppa）

洛伦扎酒庄（Lorenza）

自然酒

洛赫酒庄（Cellar de Roure）

埃斯柯达酒庄（Celler Escoda）

贝鲁酒庄（Château de Béru）

爱德华多·托雷斯·阿科斯塔酒庄（Eduardo Torres Acosta）

恩维内特酒庄（Envínate）

加布里奥·比尼酒庄（Gabrio Bini）

加内瓦特酒庄（Ganevat）

奥高酒庄（Gut Oggau）

昂格洛尔酒庄（L'Anglore）

拉斯托帕酒庄（La Stoppa）

玛可丰酒庄（Marko Fon）

玛塔莎酒庄（Matassa）

蒙提酒庄（Menti）

皮埃尔·欧维诺酒庄（Pierre Overnoy）

皮耶-罗奇酒庄（Prieuré-Roch）

塞巴斯蒂安·里福尔酒庄（Sebastian Riffault）

斯蒂芬·伯纳多酒庄（Stephane Bernadeau）

图尔勒酒庄（Tournelle）

旗达酒庄（Tschida）

为什么要了解
这些知识

将知识变成社交资本

关于葡萄酒，你已知道了不少。现在，该付诸实践了。学有所用才是关键，对吧？不过，你拥有的并非只是知识，还有社交资本。约会时从酒单上选择一瓶上等葡萄酒，或者送给上司一瓶好酒，这会让人立刻对你产生好感。说到底，谁不想让自己成为别人眼中的焦点呢？你在大学里花那么多时间学习拉丁语，原因不也正是如此吗？

看懂酒标

看懂酒标可能是选择葡萄酒时最让人感到困难的事。有些国家（如法国）严格规定了必须在酒标上注明的内容（如生产商、葡萄园等），但其他大多数国家却没有这样的规定。最终，各国自行其是，没有形成一致的通用规则。虽说我们希望世界各国有格式统一的葡萄酒酒标，但目前我们连让大家一致使用公制计量单位都做不到。我们不妨先废除英寸和盎司这样的计量单位再说吧。接下来，我们还是继续说酒吧。

我们在本章教给你的知识有时有用，有时没用。一般来说，你首先会看生产商，它通常是酒标上最固定的要素。酒标上所注的年份是葡萄的采摘年份。葡萄酒的口感每年都会不同，这取决于当年的天气情况：假如当年天气寒冷多雨，那么酿制出来的葡萄酒酒体往往较为轻盈；当年若是炎热干旱，酿制出来的葡萄酒就会色泽较深、果味较浓。其他没有醒目标注的内容可能也是你需要了解的，如葡萄品种或者产地。

与酒标上的小字一样，酒瓶的大小和重量并不重要，因为它们都是标准的。但是，酒精度（ABV）非常重要，因为它能让你直观地感受一款葡萄酒的酒体类型，尤其在你看不懂酒标上的其他文字时。假如你完全看不懂酒标上的字，只知道自己想要一款酒体轻盈的红葡萄酒或口感爽脆的白葡萄酒，或者一款浓郁的红葡萄酒或奶油质感的白葡萄酒，你应该感到庆幸，因为数字是一种通用语言。仔细看一看酒标上的百分数。百分数越高，口感就越醇厚；百分数越低，口感就越爽脆。假如一款葡萄酒的酒精度等于或者低于13.5%，并且产自"旧世界"，那它就是一款酒体轻盈的红葡萄酒或者口感爽脆的白葡萄酒。

假如酒精度等于或者高于 13.5%，并且产自"新世界"，那它就是一款酒体醇厚的大酒型红葡萄酒或者奶油质感的白葡萄酒。

为什么酒精度很重要

　　葡萄酒的酒精度是由葡萄在采摘和酿制之前的成熟程度决定的。葡萄越熟，其含糖量就越高，接下来在发酵过程中就会产生更多的酒精。那么，葡萄的成熟程度又是由什么决定的呢？是气候。葡萄会在阳光的照射下变得成熟多汁。像纳帕谷和澳大利亚南部这样的产区，气候炎热干燥，这些地区出产的葡萄酒的酒精度较高。勃艮第和香槟这样的产区气候寒冷，葡萄酒的酒精度就比较低。

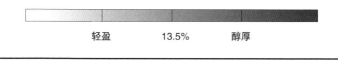

轻盈　　　　13.5%　　　醇厚

WEINGUT 1

2015 2
Rüdesheimer 4
3 Klosterlay 5
Kabinett 6

RHEINGAU | GERMANY
7

RIESLING
8

ESTATE BOTTLED BY VIETTI CASTIGLIONE FALLETTO 1

Vietti. 3

2008 4
BAROLO 5
DENOMINAZIONE DI ORIGINE CONTROLLATA E GARANTITA 6
ROCCHE 7
ALCOHOL 14.5% BY VOL. · BOTTLED BY VIETTI · RED WINE · 750 ML
8   9   10
PRODUCT OF ITALY
11

1 生产商
2 年份
3 将4与5结合起来就可以认定这是一款真正的雷司令
4 村镇
5 葡萄园
6 甜度
7 正品信息
8 葡萄品种

1 正品信息
2 装饰性图片
3 生产商
4 年份
5 产区（由此可知酿制所用的葡萄品种）
6 正品信息
7 葡萄园
8 酒精度
9 正品信息
10 容量
11 正品信息

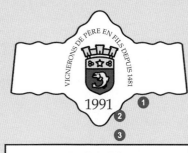

PRODUCT OF FRANCE

Hermitage

APPELLATION HERMITAGE CONTROLÉE

Mise en Bouteilles a la Propriété

Domaine JEAN-LOUIS CHAVE

Viticulteur á L'HERMITAGE, domicilié á MAUVES

① 假如你看到一个没有文字的酒标，它可能是一款混酿葡萄酒，而且酒体醇厚、果味浓郁。

1 酒庄信息

2 家族纹章

3 年份

4 正品信息

5 家族纹章

6 酒庄理念

7 产区（由此可知酿制所用的葡萄品种）

8 正品信息

9 正品信息

10 酒庄名

11 正品信息

注：

· 在看懂酒标这个方面没有放之四海而皆准的指导原则，但我们希望上述范例会对你有所帮助。

· 大多数国家都要求酒标上注明正品等级。

· "Domaine"（酒庄）一词后面的部分就是酒庄的名称。

· 酒标并非总是列出酿酒所用的葡萄品种。

129

我们都有过这样的经历：你正在与某人共进晚餐，你想让对方发现你的魅力，无论你想与此人共度一生，或是做做生意，还是仅仅分享一下宠物猫的故事。可是，当酒单递到你手里的时候，你要么乱点一气，接着又把"Cabernet Franc"（品丽珠）读成"内阁弗兰克"，要么不知所措。这样可就不妙了。

不过，别担心，我们不用给你一本厚达 2 000 页的葡萄酒教科书也能帮你。在这种情况下，你只须照以下 8 个简单的步骤做就行了。

1.

找一个看得懂酒单的人。餐厅拿给你看的酒单上的酒一定是店里有的酒。给你提供酒单的人可能是侍酒师、葡萄酒总监，或者其他的葡萄酒专业人士。也有可能是非常了解这些葡萄酒的餐厅老板或者经理。假如餐厅里的人也不懂葡萄酒，你怎么选就不重要了。闭上眼睛，随便点吧。要不然你就喝啤酒。

2.

想好你要花多少钱。哪怕

你只想花 40 美元[①]，也要直截了当地说出来。好的餐厅都会对自家酒单上物有所值的酒水感到自豪。无论你想花多少，只要坦诚相告，侍酒师或者相关的工作人员都会感到高兴。

3.

确定一个大致类别（是红葡萄酒、白葡萄酒、起泡酒，还是桃红葡萄酒，等等）。在任何情况下都不要说"白仙粉黛"（White Zinfandel）。那不是真正的葡萄酒，只有副食杂货店才会有。

---

① 1 美元 ≈ 6.43 元

4.

选择一个国家或者大型葡萄酒产区。假如你拿不准，你就谨慎一点，就简单地说法国或美国加州，因为几乎每一份酒单都有这两个地方产的葡萄酒。说意大利也没问题，只是你或许很难回答接下来的问题，因为意大利有太多的葡萄品种和葡萄酒产区。

5.

选择一种风格或一个葡萄品种。葡萄酒的风格相当于酒体，有轻盈、中等和丰满之分。至于葡萄品种，则有黑皮诺、霞多丽，等等。

6.

保持自信。哪怕完全不知道自己在说什么，你也应当表现得十分自信。

7.

提出问题，要别人解答。提出的问题要具有开放性，能让餐厅里相关人员对你加以引导。

8.

绝对不要发"t"音。这样做只是出于安全考虑。

你最终会说出类似这样的一句话：

"我想要一款价格在 70 美元左右、产自美国加州的红葡萄酒，最好是轻盈一点儿的。你要是能给点建议那就更好啦。"

一位优秀的侍酒师既会欣赏你将自己想要的葡萄酒的基本情况表达出来的能力，也能引导你找到自己喜欢的葡萄酒。即便是对葡萄酒知之甚少的餐厅员工，也应该能让你相对容易地找到自己喜欢的葡萄酒。但最重要的是坐在你对面的那个人会对你掌控局面的能力刮目相看，哪怕你最终承认根本不知道你们喝的是什么。有自信就成功了90%，在葡萄酒领域和人生中都是如此。

> ## 可以放心点的葡萄酒
>
> · 香槟
> · 夏布利
> · 勃艮第白葡萄酒
> · 意大利白葡萄酒（不是灰皮诺）
> · 巴贝拉
> · 博若莱
> · 基安蒂
> · 罗讷河谷
> · 圣塔巴巴拉黑皮诺

到葡萄酒行里该怎么做

假如你想了解更多的葡萄酒知识，你应当找一家自己能够经常光顾的好酒行。最好是在当地，这样你才不会觉得特别麻烦。那么，一家好的葡萄酒行又有哪些特点呢？

我们有这样一条"金科玉律"：你必须先弄清楚自己去的究竟是一家真正的葡萄酒行，还是顺带销售葡萄酒的酒类商店。你不妨环顾一下四周。你在货架上有没有看到"火龙肉桂"威士忌呢？任何一个货架上都行。要是有的话，那就是一家酒类商店，而不是一家葡萄酒行。

除了这条绝对重要的黄金法则，我们确实还有更多的信息帮你识别。

任何一家好的葡萄酒行都具有如下特征：

室内温度低。你有没有开过一瓶温度比你体温还高的葡萄酒呢？那样可不好。葡萄酒不应存放在温度很高的房间里。

· **不时地举办品酒会或者小型的葡萄酒品鉴活动。**

· **酒架上放一些背景信息，如店员的建议。**很多情况下，你会看到店员的建议里包含了一项评分，通常在 100 以内。因此，你可能会在酒架上看到店员所写的小贴纸，上面说明了推荐这款葡萄酒的原因，然后还有可能写着 "91 分" 的字样。这种评分方法并不是酒行自己想出来的。一般来说，它参照了罗伯特·帕克（Robert Parker）为其杂志《葡萄酒倡导家》（*The Wine Advocate*）而创建的一种革命性的评级标准。从 20 世纪 70 年代开始，帕克发明的 100 分制评级标准改变了消费者对葡萄酒的评价方式和最终的看法，如今仍然发挥着巨大的影响力。至于你应该耗费多少时间和精力去研究这些评级标准，多半要取决于你喝哪种酒。不过，现在你至少知道那些评分方法是从哪里来的了。接下来，你想怎么处理这些信息都行。·

· **有敬业、友善和乐于助人的员工**。这一点非常重要。在一家好的葡萄酒行里，在你研究葡萄酒和确定自己喜欢的葡萄酒时，一位知识渊博的店员就成了一种无价的资源。这一点我们称之为"唱片店理论"（The Record Store Theory）。假如你还记得以前必须到商店里才能买到唱片的情景，那你也会记得当地那家唱片店里的员工对你的音乐探索之旅有多么重要。你在一家葡萄酒行里的经历可能与此类似。假如你找到了一家好的葡萄酒行，你会意识到那家酒行之所以好是因为酒行的老板或者员工对葡萄酒充满热情。如果他们热爱葡萄酒，他们也会热情十足地帮助顾客找到自己喜欢的葡萄酒。就是这个道理。因此，"唱片店理论"意味着你只需找到一家优秀的葡萄酒行和一位很棒的店员就可以了。这位店员会确保你发现葡萄酒中的"小妖精乐队"（Pixies），或者起码确保你不至于变成那种听"U2乐队"的人。①

一旦你找到了好酒行和好店员，下一步就相当简单了：提问。走马观花式的浏览很不错（稍后会详细介绍），但葡萄酒行的上架策略因地而异。除了大多数酒行都会将葡萄酒按国家或地区分类外，浏览这种方式很难给你提供有价值的信息。如果你告诉店员你购买的葡萄酒要用于什么样的场合、你想花多少钱，以及你通常喜欢喝哪种葡萄酒，那么，你的购买之旅将会更有成效。还有一条专业性的建议：问一问帮助你的人最近在喝哪

---

① "小妖精乐队"是美国的一个摇滚乐队。20世纪80年代，虽说主流媒体都认为该乐队的音乐很糟糕，但它将朋克、吉他摇滚等风格结合起来，最终打入主流社会，产生了深远的影响。该乐队于1991年解散。"U2乐队"则是爱尔兰的一支摇滚乐队，曾风靡一时、获奖无数，是爱尔兰音乐的象征。除了传统的另类摇滚，"U2乐队"也尝试过将摇滚与电子舞曲融合的流行摇滚，且其歌曲并不避讳政治性话题，如对社会公平、公正的追求等，显示出极高的社会参与度与使命感。——译者注

种酒。在葡萄酒行里工作的人往往品尝过很多种葡萄酒，他们可以为你提供切实可行的服务。

葡萄酒的搭配

选择葡萄酒，旨在映衬生活而非搭配盘子

长久以来，搭配一直都是人们讨论如何饮用葡萄酒时的一个核心问题。事实上，选择哪种葡萄酒历来都是由其最适合搭配的食物决定的，如夏布利配牡蛎、香槟配炸鸡、基安蒂配意大利面，其他一些葡萄酒配禽类野味，等等，你以前应该全都听说过。虽然我们一致认为上述种种搭配确实有道理，但我们也相当肯定，你不会为从酒窖里拿出哪瓶葡萄酒与你刚打来的野鸡搭配而大伤脑筋。

　　对我们而言，在合适的场合选择合适的葡萄酒才是一种可取的搭配之道。知道要带哪种葡萄酒去参加家庭聚会，或者知道早午餐（Brunch）应该喝哪种葡萄酒，要比弄清吃黄油酱烧比目鱼时搭配哪种葡萄酒有用得多。所以，我们就选取了一些我们经常身处其中的现实生活情景，其中大多数场合都有别人参与，并可能让人产生严重的社交焦虑。

适合带去参加派对的好酒

"派对"这个词的含义相当宽泛。一般来说,我们都会把它定义为朋友或者熟人在某人家里的聚会,饭菜就是说得过去的家常菜。我们所说的"派对"既非大学里的啤酒聚会、野外狂欢,也不是某位朋友从法国里昂(Lyon)请了一位厨师,专门到他的度假庄园里做饭招待大家的那种聚会。我们所说的就是那种简简单单、普普通通的晚宴。

尽管如此,这么说也仍然很笼统。你的确可以带任何一款葡萄酒赴宴。但我们的确认为,掌握一些原则可以确保你不出差错。

里奥哈

参加这种派对多半不需要你到葡萄酒行一掷千金,或者在家中的存货里精挑细选。倘若别人带的都是便宜实惠的酒,你肯定也不想带着一瓶昂贵的葡萄酒赴宴。在这种情况下,

西班牙葡萄酒就是一个不错的选择,尤其是里奥哈。从价位来看,里奥哈堪称物超所值的典范。

桑塞尔

喝桑塞尔,穿工装裤。虽说不"性感",但在合适的场合中很有用。

汶拉或者门西亚

几乎可以肯定的是,很多客人都会带着黑皮诺和长相思前来参加这种派对,这就给你提供了一个跟大家分享某款有

意思的葡萄酒的机会。汝拉地区所产的葡萄酒独树一帜，价格一向都很实惠。或者，你也可以买一瓶价格适中、用门西亚葡萄酿制而成的西班牙红酒。

大瓶装的博若莱

大家都喜欢大瓶装的葡萄酒，因此，你可以买瓶价格合适的大瓶装博若莱，50美元左右就能搞定。这才是这种场合下的正确做法。

适合搭配比萨的葡萄酒

跟朋友们一起去吃比萨，大快朵颐，可谓人生一大快事。假如运气好，你会发现自己经常有这样的机会。在这些场合下，选择喝什么并不会让你大伤脑筋，因为比萨本来就美味可口，搭配任何一款葡萄酒都可以，就算什么都不喝也没问题。话虽如此，还是有一些特别不错的葡萄酒适合搭配比萨。

巴贝拉

巴贝拉非常适合搭配比萨。它是一款"万能"葡萄酒，足以让大多数人满意，因为它虽然酒体丰满，喝起来却不像大酒那样浓郁，并且价格适中。

罗讷河谷

像罗讷河谷这样的葡萄酒，实际上就是用来搭配食物的，而不是那种让你倒入酒杯一边摇晃一边谈论的葡萄酒。如果说世间还有哪款红酒适合用红色索罗杯[1]来喝的话，罗讷河谷就是不错的选择。对于这一点，你可不要觉得不舒服。

① 索罗杯（Solo Cup），一种一次性塑料杯。——译者注

意大利南部的红葡萄酒

比萨的发源地并非是美国的纽约或芝加哥，而是意大利南部。在搭配食物与葡萄酒时，有一条万无一失的原则，那就是饮用产地与食物产地相同的葡萄酒。庞贝古城被火山灰掩埋之前，那里的人们就曾坐在古老的门廊下一边喝葡萄酒，一边吃着各式比萨。蒙帕恰诺-阿布鲁佐和黑珍珠（Nero d'Avola）就是很容易买到的来自比萨诞生地的两款葡萄酒。

适合沙滩时光的葡萄酒

信不信由你，除了桃红葡萄酒，世间还有很多适合你在沙滩上享受惬意时光时饮用的葡萄酒。事实上，我们可以想到各种各样的白葡萄酒来完美搭配你的火鸡三明治。买用螺旋盖而非软木塞封瓶的葡萄酒会让你开起来更加方便。只是你不要在沙滩上喝红酒，因为紫红色的嘴配上泳衣可能会让你看上去像头刚吃了海豹的北极熊。

桃红葡萄酒

在海滩上，我们把桃红葡萄酒与淡啤酒归为一类。你多半会将这种酒冰镇，然后开怀畅饮。那样做完全没有问题。

清爽顺口的白葡萄酒

在炎炎烈日之下喝几乎任何一款白葡萄酒都可以，但我们尤其偏爱那种有点儿像玛格丽塔鸡尾酒，即带有柑橘味且咸鲜爽口的葡萄酒。长相思、密斯卡岱（Muscadet）和夏布利都属于这一类，适合你装进沙滩包里。

适合冷天饮用的葡萄酒

我们也喜欢将这种葡萄酒称为"贴膘"酒。不妨想象一下在二月一个寒冷刺骨的夜里把烘肉卷一口吞下的那种感觉，只要你不感到恶心就行。这种葡萄酒会让你从心底里暖和起来，帮你度过那个只适合冬眠的季节。

西拉

西拉葡萄酒带有可口的熏肉味道。外面很冷的时候，你不妨考虑一下。

内比奥罗

内比奥罗葡萄酒很有意思，因为它原本是一款酒体较为轻盈的葡萄酒，可喝起来却常常像是酒体丰满的葡萄酒。巴罗洛的这一特点更为突出。假如你不喜欢喝赤霞珠，又想喝点什么来暖暖身子，巴罗洛就特别适合。

赤霞珠

给自己做份牛排，倒上一点儿赤霞珠，然后坐在真皮椅子上。假如这些方面都不符合你的环保生活方式，那你完全可以用烤白薯、烤土豆等来代替牛排，用其他任何一把椅子取代皮椅，只要旁边趴着一条大狗就行了。

适合早午餐饮用的葡萄酒

我们不妨从这一观点开始说起：早午餐不要吃得太多，永远不要吃太多。有限制是件好事，这样会让我们保持清醒。任何一顿放开吃的早午餐无非就是提供了极其廉价的香槟兑橙汁或者廉价的伏特加兑番茄汁。你其实可以喝点儿更好的东西。

起泡酒

香槟和起泡酒非常适合在周末的早午餐上饮用，有没有鸡蛋都不要紧。酒中的泡沫会让大家开心，酒的价格也很合理，味道也不错，甚至不用兑果汁就很可口。

桃红葡萄酒

桃红葡萄酒已是人们早午餐时饮用的一款主打酒，喝起来爽口顺喉，适合全天饮用。喝桃红葡萄酒没什么讲究，像平常一样饮用就可以了。

低度葡萄酒

假如早午餐是你一天中的第一顿饭，那么葡萄酒的酒精度就很重要了。早午餐饮用的葡萄酒的酒精度最好在13%以下。原因并非为了喝了几轮

酒、吃了几块咸蛋饼之后不会醉得那么厉害，尽管那样做当然也有好处。酒精度低的葡萄酒清爽提神——在一个阳光明媚的周日下午，你想要的正是这种状态，要保持精力充沛。

适合送礼的葡萄酒

老板的生日，或你父母的结婚周年纪念日、老板父母的结婚周年纪念日就要到了。简而言之，你需要送点儿特别的东西，但你也没有必要花上2000美元。那你该怎么办呢？

购买一款年份有特定意义的葡萄酒，如某人结婚或者生孩子那一年的葡萄酒，是很有意思的一件事情。购买出生年份的葡萄酒也很不错，不过你那些年纪较大的朋友会让你花上一大笔钱。你其实可以买产自特定地区、性价比很高和有收藏价值的葡萄酒，同时又不用花数千美元，甚至连数百美元都不到。假如你打算送礼的那个人比你更了解葡萄酒，那

么你选择这些产地的葡萄酒就不会有问题，因为特定产区几乎都是举世公认的最佳产地。

香槟

你不一定非得要打开一瓶唐·培里侬（Dom Pérignon）香槟王才能纪念一个令人难忘的时刻（你若是执意如此，我们也不会阻拦）。香槟地区有很多非常特别的香槟酒可以选择，它们的价格都在 50 美元至 100 美元之间。你可不能仅仅因为酒瓶上有个橙色酒标[1]

就去买那瓶酒，而应当买小农香槟（Grower Champagne）。这种酒通常都是规模较小的生产商酿制的。这样就会显得你非常专业了。

勃艮第红、白葡萄酒

勃艮第葡萄酒是世界上最受追捧的葡萄酒之一，因而也往往是最贵的葡萄酒之一。买小小的一瓶酒可能就会花掉数千美元。但是，你也可以找到具有馈赠价值却不用花那么多钱的葡萄酒。你可以购买产自

---

① 此处当指凯歌皇牌香槟。——译者注

146

沃尔奈、莫雷-圣丹尼、圣欧班或者默尔索等地的葡萄酒，它们往往都是勃艮第产区性价比较高的葡萄酒。你花不到 100 美元应该就能买到一瓶好酒。

巴罗洛

假如你把一瓶巴罗洛酒递给一个很懂葡萄酒的人，他肯定会瞪大眼睛，因为得知你也深谙此道时他会又惊又喜。这是一款经典却又不太招摇的葡萄酒，你花 30~60 美元就可以买到一款不错的巴罗洛。

波尔多

选择这种葡萄酒是最安全的做法。这就好比你把什么东西（任何东西都行）装在蒂芙尼（Tiffany）的盒子里。可以把波尔多看成是你原本打算给某人买条领带，再三斟酌后又买来作为礼物的那种葡萄酒。因为波尔多葡萄酒的价格不定，贵贱都有，所以无论你想花多少钱，总能找到合适的一款。

适合自饮的葡萄酒

凡是说一个人喝酒没意思

的人，显然从来都没有在一个没有别人的地方以一瓶葡萄酒、一部电影愉快地度过一个夜晚的经历。顺便说一句，你不必一口气就喝完一整瓶葡萄酒。不过，就算你那样做了，我们也不会对你指手画脚。

加州赤霞珠

假如你打算让自己在沙发上睡着，那么加州赤霞珠就是一个很好的选择。这种葡萄酒的酒精度很高，会让你酣睡，宛如被其中的单宁热情拥抱着。

勃艮第红葡萄酒

假如你此时正在独自饮用勃艮第红葡萄酒，那么你一定是做了一件与自己的人生相称的事情。不妨祝贺一下。这种酒的酒精度稍低，因此可能更适合你在决定看完一部电影、一本乏味的书或者完成自己的手稿而不中途睡着的那些夜晚饮用。

半瓶装

"半瓶装"的葡萄酒恰如其名，小瓶所装的酒量只有典型的750毫升装葡萄酒的一半。虽说你不会看到太多的半瓶装，但这种规格的葡萄酒的确存在。假如你是一个人喝，这种规格堪称完美。

适合搭配辛辣食物的葡萄酒

在这种场合下，你饮用的葡萄酒确实会以一种很有意义的方式与你的食物相得益彰。搭配辛辣食物时，你应饮用酒精度低的葡萄酒。为什么呢？因为酒精度低的葡萄酒口感清爽，可与你经常在辛辣食物中发现的柑橘味、香草味等完美搭配。

雷司令

雷司令很适合搭配辛辣食物，因为这款葡萄酒的含糖量往往高于其他白葡萄酒，却又不像餐后甜酒那样甜腻，其中的糖分有助于抵消食物中的辛辣味。这就好比嘴里辣得冒火时喝杯牛奶一样，只不过此时你喝的是葡萄酒而不是牛奶（超过 7 岁的人，谁还会在晚餐时喝牛奶呢？）。

香槟

跟雷司令一样，香槟酒通常也有点儿甜，从而有助于平衡食物的辛辣味。此外，酒中的气泡本来就是为了让你喝得更快而设计的，故香槟具有解渴的作用。

博若莱

博若莱是一款口感像白葡萄酒的红葡萄酒。它的味道浓郁，入口顺滑，带有香料的味道，因此很适合与辛辣食物搭配。

接下来要做什么

  假如你已经看完了本书，但愿你从中学到了一些东西。或许，你学到了更多。假如你采纳了我们的建议，那么你肯定会逐渐建立起自己的品味档案，找到一系列自己喜欢的葡萄酒。当你坐在餐厅里看着一份酒单，或者在本地的葡萄酒行里跟店员交谈时，这些知识将对你大有裨益。把自己喜欢某种东西的原因清楚地表达出来是帮助别人引领你成功地走向下一段旅程的关键。这个"下一段"无非就是尽可能地多喝葡萄酒而已。好在如今你完全明白该怎样去做了。

致　谢

　　首先，我们要感谢各位朋友、家人、同事，以及帮我们消化葡萄酒的肝脏。感谢阿曼达·英格兰德（Amanda Englander）：谢谢你的鼓励和不懈坚持。感谢伊安·丁曼（Ian Dingman）：感谢你让本书看起来如此漂亮，还帮我们找到了一个用插图诠释如此之多荒唐想法的人。说到插图，我们不得不说，塞布·阿格里斯蒂（Seb Agresti）就是一个传奇：我们对你的感谢就是将你拉了进来。这一点，你可千万不要客气。我们还要感谢帕特里西娅·肖（Patricia Shaw）、杰茜卡·海姆（Jessica Heim）、斯蒂芬妮·戴维斯（Stephanie Davis）和克拉克森·波特（Clarkson Potter）出版公司的亚伦·韦纳（Aaron Wehner）。

　　就个人而言，克里斯要感谢他出色的妻子塔玛尔（Tamar），她比他更喜欢尝试不同的葡萄酒，有时他们还喋喋不休地争论半天。他还想感谢母亲琳恩（Lynn），是她让他对美食和美酒产生了浓厚兴趣，并将这种兴趣变成一生的职业。他可没有想过会这样。最后，他还要感谢科罗拉多州立大学（Colorado State University）的学生传媒系、辛那邦[①]和卡森·达利（Carson Daly），感谢他们将他塑造成了现在的样子。

　　格兰特则要感谢帕塞勒葡萄酒行与美味酒店集团（Delicious Hospitality Group）的团队。他们在他犯错时总能直言不讳地指出来，他们是最懂酒的。感谢罗伯特·波尔（Robert Bohr）、马修·马瑟尔（Matthew Mather）和鲍比·斯塔基（Bobby Stuckey），

[①]　辛那邦（Cinnabon），美国一家著名的肉桂卷连锁店，1985年成立于西雅图，如今在全球多国已有1 000多家分店。——译者注

他们在格兰特从事葡萄酒这项世间最了不起的工作时始终与他保持着友谊并为他提供指导和引领。他还要感谢妹妹艾米丽（Emily），因为她的写作水平、幽默感和勤奋不懈都激励着他加倍努力，让他在这一过程中度过了一段非常愉快的时光。

HOW TO
DRINK WINE

葡萄酒名称：

葡萄品种：　　　　　酒精度：　　　　　年份：

产区：　　　　　　　等级：　　　　　　价格：

容量：　　　　　　　玻璃杯：　　　　　醒酒时间：

适饮温度：　　　　　品鉴日期：

葡萄酒类型： □白葡萄酒　□红葡萄酒　□桃红葡萄酒　□橙酒　□静态酒
　　　　　　 □起泡酒　□微泡酒　其他 _____

甜度： □干型　□半干型　□半甜型　□甜/极甜型

香型： □果香　□矿物香　□甜香　□木香　□辛辣香　□草香与花香
　　　 □奶香与坚果香　其他 _____

酸度： □爽脆的　□活泼的　□清爽的　□明快的　□松弛的　其他 _____

单宁： □高　□中　□低　□粗糙　□细腻

理想的配餐：　　　　　　　　口感：

_____

品鉴心得：

_____

葡萄酒名称:

葡萄品种:　　　　　　酒精度:　　　　　年份:

产区:　　　　　　　　等级:　　　　　　价格:

容量:　　　　　　　　玻璃杯:　　　　　醒酒时间:

适饮温度:　　　　　　品鉴日期:

葡萄酒类型: □白葡萄酒　□红葡萄酒　□桃红葡萄酒　□橙酒　□静态酒
　　　　　　□起泡酒　□微泡酒　其他＿＿＿＿＿

甜度: □干型　□半干型　□半甜型　□甜 / 极甜型

香型: □果香　□矿物香　□甜香　□木香　□辛辣香　□草香与花香
　　　　□奶香与坚果香　其他＿＿＿＿＿

酸度: □爽脆的　□活泼的　□清爽的　□明快的　□松弛的　其他＿＿＿＿＿

单宁: □高　□中　□低　□粗糙　□细腻

理想的配餐:　　　　　　　　口感:

＿＿＿＿＿＿＿＿＿＿＿＿＿＿＿＿＿＿＿＿＿＿＿＿＿

品鉴心得:

＿＿＿＿＿＿＿＿＿＿＿＿＿＿＿＿＿＿＿＿＿＿＿＿＿

葡萄酒名称:

葡萄品种:　　　　　　酒精度:　　　　　　年份:

产区:　　　　　　　　等级:　　　　　　　价格:

容量:　　　　　　　　玻璃杯:　　　　　　醒酒时间:

适饮温度:　　　　　　品鉴日期:

葡萄酒类型: □白葡萄酒　□红葡萄酒　□桃红葡萄酒　□橙酒　□静态酒
　　　　　　□起泡酒　□微泡酒　其他 _____

甜度: □干型　□半干型　□半甜型　□甜／极甜型

香型: □果香　□矿物香　□甜香　□木香　□辛辣香　□草香与花香
　　　□奶香与坚果香　其他 _____

酸度: □爽脆的　□活泼的　□清爽的　□明快的　□松弛的　其他 _____

单宁: □高　□中　□低　□粗糙　□细腻

理想的配餐:　　　　　　　　口感:

_____

品鉴心得:

_____

葡萄酒名称：

葡萄品种：　　　　　　酒精度：　　　　　　年份：

产区：　　　　　　　　等级：　　　　　　　价格：

容量：　　　　　　　　玻璃杯：　　　　　　醒酒时间：

适饮温度：　　　　　　品鉴日期：

葡萄酒类型： □白葡萄酒　□红葡萄酒　□桃红葡萄酒　□橙酒　□静态酒
　　　　　　　□起泡酒　□微泡酒　其他 _____

甜度： □干型　□半干型　□半甜型　□甜／极甜型

香型： □果香　□矿物香　□甜香　□木香　□辛辣香　□草香与花香
　　　　□奶香与坚果香　其他 _____

酸度： □爽脆的　□活泼的　□清爽的　□明快的　□松弛的　其他 _____

单宁： □高　□中　□低　□粗糙　□细腻

理想的配餐：　　　　　　　　口感：

_____

品鉴心得：

葡萄酒名称：

葡萄品种：　　　　　　酒精度：　　　　　　年份：

产区：　　　　　　　　等级：　　　　　　　价格：

容量：　　　　　　　　玻璃杯：　　　　　　醒酒时间：

适饮温度：　　　　　　品鉴日期：

葡萄酒类型： □白葡萄酒　□红葡萄酒　□桃红葡萄酒　□橙酒　□静态酒
　　　　　　□起泡酒　□微泡酒　其他 _____

甜度： □干型　□半干型　□半甜型　□甜 / 极甜型

香型： □果香　□矿物香　□甜香　□木香　□辛辣香　□草香与花香
　　　□奶香与坚果香　其他 _____

酸度： □爽脆的　□活泼的　□清爽的　□明快的　□松弛的　其他 _____

单宁： □高　□中　□低　□粗糙　□细腻

理想的配餐：　　　　　　　　口感：

_____

品鉴心得：

_____

葡萄酒名称：

葡萄品种：　　　　　　　酒精度：　　　　　　　年份：

产区：　　　　　　　　　等级：　　　　　　　　价格：

容量：　　　　　　　　　玻璃杯：　　　　　　　醒酒时间：

适饮温度：　　　　　　　品鉴日期：

葡萄酒类型： □白葡萄酒　□红葡萄酒　□桃红葡萄酒　□橙酒　□静态酒
　　　　　　　□起泡酒　□微泡酒　其他＿＿＿＿＿＿

甜度： □干型　□半干型　□半甜型　□甜／极甜型

香型： □果香　□矿物香　□甜香　□木香　□辛辣香　□草香与花香
　　　　□奶香与坚果香　其他＿＿＿＿＿＿

酸度： □爽脆的　□活泼的　□清爽的　□明快的　□松弛的　其他＿＿＿＿＿＿

单宁： □高　□中　□低　□粗糙　□细腻

理想的配餐：　　　　　　　　　口感：

品鉴心得：

葡萄酒名称:

葡萄品种: 酒精度: 年份:

产区: 等级: 价格:

容量: 玻璃杯: 醒酒时间:

适饮温度: 品鉴日期:

葡萄酒类型: □白葡萄酒 □红葡萄酒 □桃红葡萄酒 □橙酒 □静态酒
　　　　　　□起泡酒 □微泡酒 其他 _____

甜度: □干型 □半干型 □半甜型 □甜／极甜型

香型: □果香 □矿物香 □甜香 □木香 □辛辣香 □草香与花香
　　　　□奶香与坚果香 其他 _____

酸度: □爽脆的 □活泼的 □清爽的 □明快的 □松弛的 其他 _____

单宁: □高 □中 □低 □粗糙 □细腻

理想的配餐: 口感:

_____

品鉴心得:

_____

葡萄酒名称：

葡萄品种：　　　　　　酒精度：　　　　　　年份：

产区：　　　　　　　　等级：　　　　　　　价格：

容量：　　　　　　　　玻璃杯：　　　　　　醒酒时间：

适饮温度：　　　　　　品鉴日期：

葡萄酒类型： □白葡萄酒　□红葡萄酒　□桃红葡萄酒　□橙酒　□静态酒
　　　　　　　□起泡酒　□微泡酒　其他＿＿＿＿＿＿

甜度： □干型　□半干型　□半甜型　□甜／极甜型

香型： □果香　□矿物香　□甜香　□木香　□辛辣香　□草香与花香
　　　　□奶香与坚果香　其他＿＿＿＿＿＿

酸度： □爽脆的　□活泼的　□清爽的　□明快的　□松弛的　其他＿＿＿＿＿

单宁： □高　□中　□低　□粗糙　□细腻

理想的配餐：　　　　　　　　　口感：

＿＿＿＿＿＿＿＿＿＿＿＿＿＿＿＿＿＿＿＿＿＿＿＿＿＿＿＿＿＿＿＿

品鉴心得：

＿＿＿＿＿＿＿＿＿＿＿＿＿＿＿＿＿＿＿＿＿＿＿＿＿＿＿＿＿＿＿＿

葡萄酒名称：

葡萄品种：　　　　　　　酒精度：　　　　　　年份：

产区：　　　　　　　　　等级：　　　　　　　价格：

容量：　　　　　　　　　玻璃杯：　　　　　　醒酒时间：

适饮温度：　　　　　　　品鉴日期：

葡萄酒类型：□白葡萄酒　□红葡萄酒　□桃红葡萄酒　□橙酒　□静态酒
　　　　　　　□起泡酒　□微泡酒　其他 _____

甜度：□干型　□半干型　□半甜型　□甜／极甜型

香型：□果香　□矿物香　□甜香　□木香　□辛辣香　□草香与花香
　　　　□奶香与坚果香　其他 _____

酸度：□爽脆的　□活泼的　□清爽的　□明快的　□松弛的　其他 _____

单宁：□高　□中　□低　□粗糙　□细腻

理想的配餐：　　　　　　　　　口感：

_____

品鉴心得：

_____

葡萄酒名称:

葡萄品种:　　　　　　酒精度:　　　　　　年份:

产区:　　　　　　　　等级:　　　　　　　价格:

容量:　　　　　　　　玻璃杯:　　　　　　醒酒时间:

适饮温度:　　　　　　品鉴日期:

葡萄酒类型: □白葡萄酒　□红葡萄酒　□桃红葡萄酒　□橙酒　□静态酒
　　　　　　□起泡酒　□微泡酒　其他＿＿＿＿＿

甜度: □干型　□半干型　□半甜型　□甜／极甜型

香型: □果香　□矿物香　□甜香　□木香　□辛辣香　□草香与花香
　　　　□奶香与坚果香　其他＿＿＿＿＿

酸度: □爽脆的　□活泼的　□清爽的　□明快的　□松弛的　其他＿＿＿＿＿

单宁: □高　□中　□低　□粗糙　□细腻

理想的配餐:　　　　　　　　　　口感：

品鉴心得:

葡萄酒名称：

葡萄品种：　　　　　　　酒精度：　　　　　年份：

产区：　　　　　　　　　等级：　　　　　　价格：

容量：　　　　　　　　　玻璃杯：　　　　　醒酒时间：

适饮温度：　　　　　　　品鉴日期：

葡萄酒类型： □白葡萄酒　□红葡萄酒　□桃红葡萄酒　□橙酒　□静态酒
　　　　　　　□起泡酒　□微泡酒　其他 _____

甜度： □干型　□半干型　□半甜型　□甜／极甜型

香型： □果香　□矿物香　□甜香　□木香　□辛辣香　□草香与花香
　　　　□奶香与坚果香　其他 _____

酸度： □爽脆的　□活泼的　□清爽的　□明快的　□松弛的　其他 _____

单宁： □高　□中　□低　□粗糙　□细腻

理想的配餐：　　　　　　　　　口感：

_____

品鉴心得：

_____

葡萄酒名称：

葡萄品种：　　　　　　酒精度：　　　　　　年份：

产区：　　　　　　　　等级：　　　　　　　价格：

容量：　　　　　　　　玻璃杯：　　　　　　醒酒时间：

适饮温度：　　　　　　品鉴日期：

葡萄酒类型： □白葡萄酒　□红葡萄酒　□桃红葡萄酒　□橙酒　□静态酒
　　　　　　　□起泡酒　□微泡酒　其他＿＿＿＿＿＿

甜度： □干型　□半干型　□半甜型　□甜／极甜型

香型： □果香　□矿物香　□甜香　□木香　□辛辣香　□草香与花香
　　　　□奶香与坚果香　其他＿＿＿＿＿＿

酸度： □爽脆的　□活泼的　□清爽的　□明快的　□松弛的　其他＿＿＿＿＿

单宁： □高　□中　□低　□粗糙　□细腻

理想的配餐：　　　　　　　　　口感：

品鉴心得：

葡萄酒名称：

葡萄品种：　　　　　　　酒精度：　　　　　　年份：

产区：　　　　　　　　　等级：　　　　　　　价格：

容量：　　　　　　　　　玻璃杯：　　　　　　醒酒时间：

适饮温度：　　　　　　　品鉴日期：

葡萄酒类型： □白葡萄酒　□红葡萄酒　□桃红葡萄酒　□橙酒　□静态酒
　　　　　　　□起泡酒　□微泡酒　其他 _____

甜度： □干型　□半干型　□半甜型　□甜 / 极甜型

香型： □果香　□矿物香　□甜香　□木香　□辛辣香　□草香与花香
　　　　□奶香与坚果香　其他 _____

酸度： □爽脆的　□活泼的　□清爽的　□明快的　□松弛的　其他 _____

单宁： □高　□中　□低　□粗糙　□细腻

理想的配餐：　　　　　　　口感：

_____

品鉴心得：

_____

葡萄酒名称：

葡萄品种：　　　　　　酒精度：　　　　　　年份：

产区：　　　　　　　　等级：　　　　　　　价格：

容量：　　　　　　　　玻璃杯：　　　　　　醒酒时间：

适饮温度：　　　　　　品鉴日期：

葡萄酒类型： □白葡萄酒　□红葡萄酒　□桃红葡萄酒　□橙酒　□静态酒
　　　　　　　□起泡酒　□微泡酒　其他 _____

甜度： □干型　□半干型　□半甜型　□甜／极甜型

香型： □果香　□矿物香　□甜香　□木香　□辛辣香　□草香与花香
　　　　□奶香与坚果香　其他 _____

酸度： □爽脆的　□活泼的　□清爽的　□明快的　□松弛的　其他 _____

单宁： □高　□中　□低　□粗糙　□细腻

理想的配餐：　　　　　　　　　口感：

品鉴心得：

葡萄酒名称：

葡萄品种：　　　　　　　酒精度：　　　　　　年份：

产区：　　　　　　　　　等级：　　　　　　　价格：

容量：　　　　　　　　　玻璃杯：　　　　　　醒酒时间：

适饮温度：　　　　　　　品鉴日期：

葡萄酒类型： □白葡萄酒　□红葡萄酒　□桃红葡萄酒　□橙酒　□静态酒
　　　　　　□起泡酒　□微泡酒　其他＿＿＿＿＿＿

甜度： □干型　□半干型　□半甜型　□甜／极甜型

香型： □果香　□矿物香　□甜香　□木香　□辛辣香　□草香与花香
　　　　□奶香与坚果香　其他＿＿＿＿＿＿

酸度： □爽脆的　□活泼的　□清爽的　□明快的　□松弛的　其他＿＿＿＿＿＿

单宁： □高　□中　□低　□粗糙　□细腻

理想的配餐：　　　　　　　　口感：

＿＿＿＿＿＿＿＿＿＿＿＿＿＿＿＿＿＿＿＿＿＿＿＿＿＿＿＿＿＿

品鉴心得：

＿＿＿＿＿＿＿＿＿＿＿＿＿＿＿＿＿＿＿＿＿＿＿＿＿＿＿＿＿＿

葡萄酒名称:

葡萄品种:　　　　　　酒精度:　　　　　　年份:

产区:　　　　　　　　等级:　　　　　　　价格:

容量:　　　　　　　　玻璃杯:　　　　　　醒酒时间:

适饮温度:　　　　　　品鉴日期:

葡萄酒类型: □白葡萄酒　□红葡萄酒　□桃红葡萄酒　□橙酒　□静态酒
　　　　　　□起泡酒　□微泡酒　其他 _____

甜度: □干型　□半干型　□半甜型　□甜／极甜型

香型: □果香　□矿物香　□甜香　□木香　□辛辣香　□草香与花香
□奶香与坚果香　其他 _____

酸度: □爽脆的　□活泼的　□清爽的　□明快的　□松弛的　其他 _____

单宁: □高　□中　□低　□粗糙　□细腻

理想的配餐:　　　　　　　　　口感:

品鉴心得:

葡萄酒名称：

葡萄品种：　　　　　　酒精度：　　　　　年份：

产区：　　　　　　　　等级：　　　　　　价格：

容量：　　　　　　　　玻璃杯：　　　　　醒酒时间：

适饮温度：　　　　　　品鉴日期：

葡萄酒类型： □白葡萄酒　□红葡萄酒　□桃红葡萄酒　□橙酒　□静态酒
　　　　　　□起泡酒　□微泡酒　其他 _____

甜度： □干型　□半干型　□半甜型　□甜／极甜型

香型： □果香　□矿物香　□甜香　□木香　□辛辣香　□草香与花香
　　　□奶香与坚果香　其他 _____

酸度： □爽脆的　□活泼的　□清爽的　□明快的　□松弛的　其他 _____

单宁： □高　□中　□低　□粗糙　□细腻

理想的配餐：　　　　　　　　口感：

_____

品鉴心得：

_____

葡萄酒名称：

葡萄品种：　　　　　　　酒精度：　　　　　　年份：

产区：　　　　　　　　　等级：　　　　　　　价格：

容量：　　　　　　　　　玻璃杯：　　　　　　醒酒时间：

适饮温度：　　　　　　　品鉴日期：

葡萄酒类型： □白葡萄酒　□红葡萄酒　□桃红葡萄酒　□橙酒　□静态酒
　　　　　　　□起泡酒　□微泡酒　其他＿＿＿＿＿＿＿

甜度： □干型　□半干型　□半甜型　□甜／极甜型

香型： □果香　□矿物香　□甜香　□木香　□辛辣香　□草香与花香
　　　　□奶香与坚果香　其他＿＿＿＿＿＿＿

酸度： □爽脆的　□活泼的　□清爽的　□明快的　□松弛的　其他＿＿＿＿＿＿＿

单宁： □高　□中　□低　□粗糙　□细腻

理想的配餐：　　　　　　　　　口感：

_____

品鉴心得：

_____

葡萄酒名称:

葡萄品种: 酒精度: 年份:

产区: 等级: 价格:

容量: 玻璃杯: 醒酒时间:

适饮温度: 品鉴日期:

葡萄酒类型: □白葡萄酒 □红葡萄酒 □桃红葡萄酒 □橙酒 □静态酒
□起泡酒 □微泡酒 其他 _____

甜度: □干型 □半干型 □半甜型 □甜 / 极甜型

香型: □果香 □矿物香 □甜香 □木香 □辛辣香 □草香与花香
□奶香与坚果香 其他 _____

酸度: □爽脆的 □活泼的 □清爽的 □明快的 □松弛的 其他 _____

单宁: □高 □中 □低 □粗糙 □细腻

理想的配餐: 口感:

_____

品鉴心得:

_____

葡萄酒名称：

葡萄品种：　　　　　　酒精度：　　　　　年份：

产区：　　　　　　　　等级：　　　　　　价格：

容量：　　　　　　　　玻璃杯：　　　　　醒酒时间：

适饮温度：　　　　　　品鉴日期：

葡萄酒类型： □白葡萄酒　□红葡萄酒　□桃红葡萄酒　□橙酒　□静态酒
　　　　　　　□起泡酒　□微泡酒　其他 _____

甜度： □干型　□半干型　□半甜型　□甜／极甜型

香型： □果香　□矿物香　□甜香　□木香　□辛辣香　□草香与花香
　　　　□奶香与坚果香　其他 _____

酸度： □爽脆的　□活泼的　□清爽的　□明快的　□松弛的　其他 _____

单宁： □高　□中　□低　□粗糙　□细腻

理想的配餐：　　　　　　　　口感：

品鉴心得：

葡萄酒名称：

葡萄品种：　　　　　　酒精度：　　　　　　年份：

产区：　　　　　　　　等级：　　　　　　　价格：

容量：　　　　　　　　玻璃杯：　　　　　　醒酒时间：

适饮温度：　　　　　　品鉴日期：

葡萄酒类型：□白葡萄酒　□红葡萄酒　□桃红葡萄酒　□橙酒　□静态酒
□起泡酒　□微泡酒　其他 _____

甜度：□干型　□半干型　□半甜型　□甜 / 极甜型

香型：□果香　□矿物香　□甜香　□木香　□辛辣香　□草香与花香
□奶香与坚果香　其他 _____

酸度：□爽脆的　□活泼的　□清爽的　□明快的　□松弛的　其他 _____

单宁：□高　□中　□低　□粗糙　□细腻

理想的配餐：　　　　　　　　口感：

品鉴心得：

葡萄酒名称：

葡萄品种：　　　　　　酒精度：　　　　　　年份：

产区：　　　　　　　　等级：　　　　　　　价格：

容量：　　　　　　　　玻璃杯：　　　　　　醒酒时间：

适饮温度：　　　　　　品鉴日期：

葡萄酒类型： □白葡萄酒　□红葡萄酒　□桃红葡萄酒　□橙酒　□静态酒
　　　　　　□起泡酒　□微泡酒　其他＿＿＿＿＿＿

甜度： □干型　□半干型　□半甜型　□甜／极甜型

香型： □果香　□矿物香　□甜香　□木香　□辛辣香　□草香与花香
　　　　□奶香与坚果香　其他＿＿＿＿＿＿

酸度： □爽脆的　□活泼的　□清爽的　□明快的　□松弛的　其他＿＿＿＿＿

单宁： □高　□中　□低　□粗糙　□细腻

理想的配餐：　　　　　　　口感：

品鉴心得：

葡萄酒名称：

葡萄品种：　　　　　　　酒精度：　　　　　　年份：

产区：　　　　　　　　　等级：　　　　　　　价格：

容量：　　　　　　　　　玻璃杯：　　　　　　醒酒时间：

适饮温度：　　　　　　　品鉴日期：

葡萄酒类型： □白葡萄酒　□红葡萄酒　□桃红葡萄酒　□橙酒　□静态酒
　　　　　　□起泡酒　□微泡酒　其他＿＿＿＿＿

甜度： □干型　□半干型　□半甜型　□甜／极甜型

香型： □果香　□矿物香　□甜香　□木香　□辛辣香　□草香与花香
　　　　□奶香与坚果香　其他＿＿＿＿＿

酸度： □爽脆的　□活泼的　□清爽的　□明快的　□松弛的　其他＿＿＿＿＿

单宁： □高　□中　□低　□粗糙　□细腻

理想的配餐：　　　　　　　　　口感：

品鉴心得：

葡萄酒名称：

葡萄品种： 酒精度： 年份：

产区： 等级： 价格：

容量： 玻璃杯： 醒酒时间：

适饮温度： 品鉴日期：

葡萄酒类型： □白葡萄酒 □红葡萄酒 □桃红葡萄酒 □橙酒 □静态酒
　　　　　　 □起泡酒 □微泡酒 　其他 _____

甜度： □干型 □半干型 □半甜型 □甜／极甜型

香型： □果香 □矿物香 □甜香 □木香 □辛辣香 □草香与花香
　　　　 □奶香与坚果香 　其他 _____

酸度： □爽脆的 □活泼的 □清爽的 □明快的 □松弛的 　其他 _____

单宁： □高 □中 □低 □粗糙 □细腻

理想的配餐： 口感：

品鉴心得：

葡萄酒名称:

葡萄品种:　　　　　　酒精度:　　　　　　年份:

产区:　　　　　　　　等级:　　　　　　　价格:

容量:　　　　　　　　玻璃杯:　　　　　　醒酒时间:

适饮温度:　　　　　　品鉴日期:

葡萄酒类型: □白葡萄酒　□红葡萄酒　□桃红葡萄酒　□橙酒　□静态酒
□起泡酒　□微泡酒　其他 _____

甜度: □干型　□半干型　□半甜型　□甜 / 极甜型

香型: □果香　□矿物香　□甜香　□木香　□辛辣香　□草香与花香
□奶香与坚果香　其他 _____

酸度: □爽脆的　□活泼的　□清爽的　□明快的　□松弛的　其他 _____

单宁: □高　□中　□低　□粗糙　□细腻

理想的配餐:　　　　　　　　　　口感:

_____

品鉴心得:

葡萄酒名称：

葡萄品种：　　　　　　酒精度：　　　　　　年份：

产区：　　　　　　　　等级：　　　　　　　价格：

容量：　　　　　　　　玻璃杯：　　　　　　醒酒时间：

适饮温度：　　　　　　品鉴日期：

葡萄酒类型：□白葡萄酒　□红葡萄酒　□桃红葡萄酒　□橙酒　□静态酒
　　　　　　□起泡酒　□微泡酒　其他 _____

甜度：□干型　□半干型　□半甜型　□甜／极甜型

香型：□果香　□矿物香　□甜香　□木香　□辛辣香　□草香与花香
　　　　□奶香与坚果香　其他 _____

酸度：□爽脆的　□活泼的　□清爽的　□明快的　□松弛的　其他 _____

单宁：□高　□中　□低　□粗糙　□细腻

理想的配餐：　　　　　　　　口感：

_____

品鉴心得：

葡萄酒名称：

葡萄品种：　　　　　　酒精度：　　　　　年份：

产区：　　　　　　　　等级：　　　　　　价格：

容量：　　　　　　　　玻璃杯：　　　　　醒酒时间：

适饮温度：　　　　　　品鉴日期：

葡萄酒类型: □白葡萄酒　□红葡萄酒　□桃红葡萄酒　□橙酒　□静态酒
　　　　　　□起泡酒　□微泡酒　其他 _____

甜度: □干型　□半干型　□半甜型　□甜 / 极甜型

香型: □果香　□矿物香　□甜香　□木香　□辛辣香　□草香与花香
　　　　□奶香与坚果香　其他 _____

酸度: □爽脆的　□活泼的　□清爽的　□明快的　□松弛的　其他 _____

单宁: □高　□中　□低　□粗糙　□细腻

理想的配餐：　　　　　　　　　口感：

_____

品鉴心得：

葡萄酒名称：

葡萄品种：　　　　　　酒精度：　　　　　　年份：

产区：　　　　　　　　等级：　　　　　　　价格：

容量：　　　　　　　　玻璃杯：　　　　　　醒酒时间：

适饮温度：　　　　　　品鉴日期：

葡萄酒类型： □白葡萄酒　□红葡萄酒　□桃红葡萄酒　□橙酒　□静态酒
　　　　　　　□起泡酒　□微泡酒　其他 _____

甜度： □干型　□半干型　□半甜型　□甜／极甜型

香型： □果香　□矿物香　□甜香　□木香　□辛辣香　□草香与花香
　　　　□奶香与坚果香　其他 _____

酸度： □爽脆的　□活泼的　□清爽的　□明快的　□松弛的　其他 _____

单宁： □高　□中　□低　□粗糙　□细腻

理想的配餐：　　　　　　　　口感：

品鉴心得：

葡萄酒名称：

葡萄品种：　　　　　　　酒精度：　　　　　年份：

产区：　　　　　　　　　等级：　　　　　　价格：

容量：　　　　　　　　　玻璃杯：　　　　　醒酒时间：

适饮温度：　　　　　　　品鉴日期：

葡萄酒类型： □白葡萄酒　□红葡萄酒　□桃红葡萄酒　□橙酒　□静态酒
　　　　　　□起泡酒　□微泡酒　其他＿＿＿＿＿＿

甜度： □干型　□半干型　□半甜型　□甜／极甜型

香型： □果香　□矿物香　□甜香　□木香　□辛辣香　□草香与花香
　　　□奶香与坚果香　其他＿＿＿＿＿＿

酸度： □爽脆的　□活泼的　□清爽的　□明快的　□松弛的　其他＿＿＿＿＿＿

单宁： □高　□中　□低　□粗糙　□细腻

理想的配餐：　　　　　　　　口感：

_____

品鉴心得：

_____